阅读成就思想……

Read to Achieve

不被情绪内耗的10种能力

［德］西尔克·弗兰森（Silke Franzen）著
李子骁 译

HAPPY HOUR

Wie wir gesund und
gestärkt persönliche krisen
durchstehen

中国人民大学出版社
·北京·

图书在版编目（CIP）数据

不被情绪内耗的10种能力 /（德）西尔克·弗兰森著；李子骁译. -- 北京：中国人民大学出版社，2025.6.
ISBN 978-7-300-33896-5

Ⅰ．B842.6-49

中国国家版本馆CIP数据核字第2025K0M327号

不被情绪内耗的10种能力

［德］西尔克·弗兰森（Silke Franzen）　著
李子骁　译

BU BEI QINGXU NEIHAO DE 10 ZHONG NENGLI

出版发行	中国人民大学出版社		
社　　址	北京中关村大街31号	邮政编码	100080
电　　话	010-62511242（总编室）	010-62511770（质管部）	
	010-82501766（邮购部）	010-62514148（门市部）	
	010-62511173（发行公司）	010-62515275（盗版举报）	
网　　址	http://www.crup.com.cn		
经　　销	新华书店		
印　　刷	天津中印联印务有限公司		
开　　本	890 mm×1240 mm　1/32	版　次	2025年6月第1版
印　　张	8.5　插页1	印　次	2025年6月第1次印刷
字　　数	160 000	定　价	69.90元

版权所有　　　侵权必究　　　印装差错　　　负责调换

前言

快乐时光

"快乐时光"——它与危机有何关系？为什么我们要在此谈到它？为了弄清楚这一点，让我们仔细思考一下快乐这件事。快乐到底是什么？快乐的表现形式多种多样，毕竟不同的快乐之间也存在差异。

当某人有惊无险时，我们会说"瞧，你又走运了。""走运"和"好运连连"都是偶然的，我们通常无法主动让好运降临。在英语中，这种情况被称为幸运。当我们说某人好运连连时，意思就是他会在较长一段时间内得到这种偶然性的眷顾。我们在这里讨论的并不是此类幸运带来的快乐。

"快乐"和"快乐时光"更多地被用来描述我们的感觉，描述生活中的美好感受。为了获得这样的感受，我们可以积极地去做一些事情，让快乐时光来到身边，这与我们的注意力以及生活态度有着某种关联。与其将快乐与中彩票联系在一起，不如让我们为这样的一些小事而欣喜：漫步在森林中时，从树梢的间隙洒下的一缕阳光、赠予我们微笑的朋友、装饰精美的餐桌。"快乐时光"的快乐正是此意。正如我们在本书中将会看到的，危机中需要的正是这些快乐时光。快乐的人不一定总是幸运的，即便没有偶然的幸运，他们同样会快乐。

许多人在寻找持久的快乐。他们因为无法始终保持快乐，反而陷入了不快乐的情绪之中。然而，一直保持快乐的状态真的可以实现吗？我们的大脑并不是为了不间断地产生快乐而存在的，快乐总是转瞬即逝的。而它有一个成熟的姐妹，那就是满足。满足的感受能持续得更久，具有长期性，不是昙花一现。此处所指的满足是一种积极意义上的满足，是内心对自己的存在和处境感到平和、是一种能与自身和谐相处的积极状态。这种满足可以通过感知许多微小的快乐时光而实现，尤其当我们身处危机之中时。

只需增加两个字母，我们就能立刻把快乐变为不快[1]。同样的道理，反之也成立。只需减少两个字母，不幸也能摇身一变成为快乐。M女士的情况就是这样。"9·11事件"那天，我在法兰克福机场，为那些因美国世界贸易中心遇袭空域完全关闭，导致无法按计划飞

---

[1] 德语的快乐是 Glück，在这个单词前面加 Un 两个字母，即变为 Un-Glück，Un-Glück 在德语中是不快乐的意思。——译者注

行的乘客提供帮助。M 女士绝望极了，她告诉我她的男朋友在美国世界贸易中心工作。我们试图给他打电话，但无法接通，我们试了一次又一次。她告诉我他们三周后就要结婚了。经过几个小时的等待，她的男朋友终于接了电话。原来那天早上，他在上班的路上出了车祸，只是受了一些小磕碰，但也正因如此，他那天早上没有按时上班。这场车祸之不快，对他们二人、他们的家人和朋友来说却变成了快乐。

当危机真正来临时，快乐会以怎样的形式存在呢？在经历个人危机的过程中，倘若偶尔体验到了快乐，很多人会对之感到震惊，尤其是身边有人离世的情况下。就拿 B 先生来说，他的妻子在七周前不幸离世。他伤心欲绝地坐在我面前，说他前一天感受到了"短暂的快乐。"他说自己很高兴，甚至觉得花园里的雪花莲都发芽了。他想知道，如果他在如此沉重的时刻还能感受到快乐，那么他算是一个什么样的人。他对自己短暂的快乐感到极其不安。

然而，这恰恰体现了危机中快乐时刻的意义。实际上，你可以、也应该允许自己有这样的时刻，尤其是在诸事不顺的时候。那些小小的快乐时刻意味着短暂的休息，意味着片刻的放松，这使你能够深呼吸，化悲痛为力量。人不能一蹶不振，快乐时刻需要我们去积极创造。无论此刻你处于喜悦还是忧愁之中，都有意识地去寻找这样的时刻吧。

了解了这一点之后，我们现在可以把注意力聚焦到危机这个话题上了。在本书中，当我谈到危机时，有时会以飞机失事、海啸或地震等灾难性事件为例，介绍我在各种危机中的亲身经历，以便能更清晰地阐述问题。不过这类事件相对较为罕见。因此，我在此处所使用的危机一词，更多的是指那些发生频率较高的事件，比如解雇、失业、重病、养育问题、分手、交通事故、意外丧子等。在本书中，你可以找到适用于所有这些情况的工作表和练习题，你既可以根据自己的个人危机对表格进行调整，你也可以下载一些更详细的文件来使用。

让我们进一步探究"危机"这个词。这个词源自希腊语，其本义为"分离、决定。"起初该词被用作医学术语，指疾病的转折点。这个转折点决定了病情是每况愈下，还是否极泰来。随着时间的推移，这个词开始得到更广泛的使用。

在我们的语境中，危机则意味着我们的生活会经历一个转折。但这往往也与决定有关，我们的决定能够影响这个转折点驶向何方。我希望通过这本书帮助你做出正确的决定，在危机中迎来恰当的转折。实际上，你所拥有的能力和资源，远比你想象的要丰富得多。

危机的三个阶段

经历个人危机的过程分为三个阶段。

第一阶段是崩溃。我们脚下的地面分崩离析,我们跌跌撞撞,世界正摇摇欲坠,我们从温暖舒适的巢穴中跌落。这就是本书第1章的内容。在这个阶段,我们会思考究竟发生了什么事情?哪些反应是正常的?倘若我们不只是跌跌撞撞,而是彻底摔倒,又该如何去识别和应对这种情况呢?

在第二阶段,重要的是重新回归稳定,以健康的心理状态摆脱危机。这种稳定的能力是我们与生俱来的,这一点从"稳定"对应的英语单词中就能得到充分体现——"能力"蕴含在了"稳定"之中[①]。本书第二部分讲述的是,我们如何能够重获平衡,回到稳定的生活中去。书中介绍的方法主要源自认知行为疗法,而且所有方法都有科学依据。你将学会10种关键能力,这10种能力会帮助你稳定情绪、渡过危机。借助这些能力,我们能够解答在处理危机时面临的一些重要问题:我们该如何接纳已经发生的事情?我们如何梳理自己的想法?当我们因为反刍而无法清晰思考时该怎么办?危机中有什么可以微笑面对的事情吗?我们自身又拥有哪些可利用的资

[①] 稳定的英文是 stability,能力的英文是 ability,stability 单词中包含着 ability。——译者注

源呢？

  接下来便到了新的阶段，也就是第三阶段，这一阶段被称为重置。 在这个阶段，我们必须重新适应生活，而此时的生活或许已与往昔稍有不同，又或许发生了翻天覆地的变化。这时就需要我们思考：我想要或者必须抛弃什么？在未来的生活中，我要优先考虑什么？对我来说什么很重要？众所周知，危机中也潜伏着机遇，第三阶段正是围绕这些内容展开的。本书的目的就是让你更容易地在危机的三个阶段中找到自己的方向。

目录

| 第一部分 | 崩溃

第 1 章　如鸟坠巢　　　　　　　　　　　　　　　　　　　／ 3

| 第二部分 | 稳定情绪的 10 种能力

第 2 章　接纳不可避免的反应　　　　　　　　　　　　　／ 25
第 3 章　走出障碍性思维的恶性循环　　　　　　　　　　／ 45
第 4 章　逃离反刍之笼　　　　　　　　　　　　　　　　／ 73
第 5 章　危机中的情绪处理　　　　　　　　　　　　　　／ 103
第 6 章　幽默创造距离　　　　　　　　　　　　　　　　／ 131
第 7 章　关注自己的优势　　　　　　　　　　　　　　　／ 151
第 8 章　通往正念之路　　　　　　　　　　　　　　　　／ 161
第 9 章　在危机中寻觅幸福时刻　　　　　　　　　　　　／ 177
第 10 章　帮助他人，并寻求他人帮助　　　　　　　　　／ 199
第 11 章　找到自信　　　　　　　　　　　　　　　　　／ 225

| 第三部分 | 重置

第 12 章　清理甲板　　　　　　　　　　　　　　　　　／ 239

致谢　　　　　　　　　　　　　　　　　　　　　　　／ 257

第一部分
崩溃

第 1 章

如鸟坠巢

生活本来就是由一个接一个意想不到的事件组成的，如果它不是这样的话，那么它就不值得我们去体验。

——美国思想家　拉尔夫·沃尔多·爱默生

改变生活的重大事件

转眼之间,一切都不同了。就在刚才,我们的世界似乎还是安全而熟悉的。尽管我们或多或少有所抱怨,但它还是让人感到愉快和安心。突然之间,我们感到无助、觉得不安全、觉得受到了伤害,世界仿佛变成了陌生的样子。我们跌出了自己的巢穴,不再了解自己、别人和这个世界。我们想回到过去,我们从未如此眷恋以前的生活。

我们通常认为自己生活在一个安全的、可预测的世界里,对厄运免疫,不幸和危机总是发生在别处。这是一件好事,也是健康的想法,否则我们就会生活在持续的恐惧之中。但是,遭遇改变生活的重大事件是不可避免的。个人危机是生活的一部分,其情况可能与生活本身一样多种多样。例如,在体检时,被医生告知得了某种疾病;突然出现在办公桌上的解聘通知;伴侣毫无征兆地离去;父母在一次交通事故中丧生；家中遭遇了入室盗窃；一种我们从未听说过的、严重限制了生活的新冠病毒。

但是，无论发生了什么事情，大脑都会暂时保护我们避免承受危机所带来的全部冲击。危机的实感会渐渐地渗透到意识之中，缓慢地向我们释放恐惧。在完全意识到这一点之前，我们会用一些想法来安慰自己：医生把文件弄混了；老板肯定不是真的要解雇我；相同品牌和颜色的车很多啊，发生交通事故的一定另有其人；这肯定是个误会，很快就会澄清的；这么小的病毒不会造成那么大的伤害、反正这件事不会影响到我；不会那么糟糕的。重病、解雇、离婚、交通事故、大流行病和其他灾难时有发生，但我们总是觉得这些可怕的事情会发生在别人身上。

最初的自我安慰通常只持续几秒钟，有时也会持续得更久一些。我们的大脑如同一只安全气囊，抵挡着来自现实的冲击。随后震惊袭来，我们意识到噩耗确实是真的，此时我们的心中会短暂地空空如也，什么也感觉不到，外表看起来也几乎毫无情绪。但这种感觉不会持续太久，根据所发生的事情以及我们受影响的程度或方式，我们迟早会感到恐惧、绝望、愤怒、悲伤或内疚，所有这些情绪会同时或相继出现。一段时间后，生理反应也会变得明显，我们可能易怒、难以集中精力、神经过敏、警觉性增高、睡眠障碍甚至兴趣丧失和退缩。

我还正常吗

对非正常事件的正常反应

这正常吗？许多人对自己的反应感到非常不安。他们觉得自己遭受了双重惩罚：一方面，发生的事情让他们难以理解；另一方面，他们对自身感受也觉得十分陌生。例如，他们无法觉察到自己出现了注意力不集中和神经过敏的反应，只是觉得一切都不对劲。尤其当他们感到愤怒时，比如对亲戚说："为什么他死了，留下我一个人？"又或者感到内疚时，在心里想："为什么我不努力工作，多加点班？"再或者指责自己："如果我的生活方式再健康些，我就不会得病。"我们不仅对事件本身感到震惊，也对自己的反应感到震惊，对自己反应的震惊程度往往更大一些。除此之外，我们对自身反应的不确定性，加剧了灾难带来的冲击，使我们不再相信自己，而且要求自己更加坚强。因此，我们对自己应对困境的能力失去了信心，感到越来越无助。从心理学上讲，这是自我效能遭到了损害。

这些反应是完全正常的，大多数人在经历此类事件后会有相同的感觉。我们之所以觉得不正常，是因为这些情况和经历都是前所未有的。如果它们司空见惯，我们就能更好地应对它们。了解这些信息，已然为我们更好地梳理和整合自身经历迈出了至关重要的第一步。这让我们不再担忧"情况不正常，我们的反应更是不正常"，

第1章 如鸟坠巢

要知道,我们的反应再正常不过了!

基本心理需求

可以肯定的是,危机使我们在根本上动摇了。心理学家克劳斯·格拉韦(Klaus Grawe)提出了四种基于神经生物学的基本心理需求,得到了学界的认可。它们是:**方向和控制的需求、获得快乐和规避不快的需求、关联和归属的需求,以及提升自我价值的需求**。从进化的角度来看,所有的基本需求都是为了个人和物种的生存。今天,这仍然是我们的首要目标。我们的有机体仍然处于石器时代的水平,在过去的260万年里,它几乎没有发生任何变化。而对大脑来说,我们仍然在腰间围着粗布,拿着棍棒走来走去,就连我们的身体似乎也并未完全适应现代"文明"社会。当我们出现一些不良生活习惯时,身体便以"文明病"的形式做出回应,但我们的祖先就不会患上肥胖症。

基本生理需求通常是敏锐的,一旦这些需求得不到满足,我们很快就会意识到。肚子饿了,我们会吃饭;感到口渴,我们会喝水;呼吸困难时,我们会大口喘气;天气冷了,我们会多穿些衣服;通宵熬夜后,我们就设法在第二天多睡一会儿。基本的心理需求同样存在,只是人们往往不会有意识地感知到。尽可能保持平衡,是这些基本心理需求之间的首要原则,格拉韦将其称之为一致性原则。如果我们感到这些需求之间不平衡,或者哪怕是其中一种需求受到了威胁，我们的心理健康就会受到损害，甚至会出现心理疾病。

那么，这四项基本心理需求是什么呢？

方向和控制的需求

了解事物之间的联系，有助于我们理解自身行为的因果关系，这在石器时代尤为重要。这种对因果关系的认知，促使我们不断进步，从而开发出了工具，学会了火的使用等相关技能，这些技能进一步保障了我们的生存。这种了解世界的需求，是所有人与生俱来的本能。就像小孩子一样，他们会提出一连串无穷无尽的"为什么"，要是用"因为这个"来搪塞他们，他们马上就会追问"为什么是因为这个"？我们希望能够预测和影响事件，希望通过自己的行为和决定来实现重要的目标，这让我们对自我效能有很高的期待。我们能够做一些事情，能够掌控自己的命运，这会给我们指明前进的方向，让我们清楚道路在哪里。我们不喜欢把方向盘交给别人，这会带来很大的不确定性，有时还会让我们感到无能为力。如果事情与我们的认知不符，我们就会寻找解释。而当出现偏差时，我们的目的是重新建立控制权。

获得快乐和规避不快的需求

我们努力感受快乐，享受生活，希望拥有愉悦的情绪，同时也倾向于避免那些不愉快事情的发生。因此，在努力完成任务的过程中，不能让压力过大或过小，这对我们来说是很重要的事。倘若我们不清楚究竟什么能让自己真正开心，只是一味地承担着自己并不喜欢的职责，不断经历着各种不愉快的事情，那么我们的内心就会失去平衡，长此以往，甚至可能会因此而患上疾病。但我们可以一直只享受快乐吗？只有从舒适的躺椅上站起来，取出割草机，我们才能欣赏到修剪过的漂亮草坪。所以，我们找到并保持快乐与不快之间的一种健康的平衡，这就显得尤为重要了。

关联与归属的需求

这是最重要的需求之一。生活在石器时代的人，为了生存下去，必须有其他人在身边。如果被排斥在群体之外，陷入孤立无援的境地，那就等于被判了死刑。即使在今天，我们仍然需要其他人，才能获得良好的自我感觉，才能生存下来。我们渴望属于一个家庭，属于一个群体，并且至少需要一位好朋友，从他那里获得支持和安全感。我们可以向朋友寻求建议，可以向他倾诉。如果遭到他人的排挤，会对我们的健康产生极为不利的影响。

有一个颇具戏剧性的例子可以说明这一点。霍亨斯陶芬王朝的腓特烈二世进行了所谓的"孤儿实验"，幸好这个实验在今天已经不可能进行了。他的这个实验，是想找出我们与生俱来的语言。他让助产士为婴儿提供足够的食物和水，以满足他们的基本生理需求，但禁止助产士与婴儿交谈或者拥抱他们。由于婴儿的亲情需求没有得到满足，所有的孩子都死了。尽管他并非有意致婴儿于如此残忍的境地，但这个实验表明，满足基本的生理需求并不足以维持生存，这对成人和儿童都是一样的。

提高自我价值的需求

我们都有这样的感受：希望得到他人的认可和尊重，希望自己的工作得到肯定，也乐于收获他人的敬意。对我们来说，感受到自己的价值，对自己有信心，并了解自己的能力，这些都至关重要。克劳斯·格拉韦说，这是一种人类特有的需求，这种需求在动物身上找不到。只有自身具备思考能力，才能感受到提升自我价值的需求。如果我们一直处在一个得不到信任、让我们认为自己不够好的环境中，这一需求就会受到威胁，甚至会导致我们不再信任自己，进而怀疑自己的价值。

我们所有的心理需求，都可以归纳到上述这四种基本心理需求中。只有当这四种需求保持平衡时，我们才会有良好的感觉。然而，危机的出现往往会同时对这几种基本心理需求构成威胁。危机发生时，我们似乎失去了控制权。一些没有计划，甚至没有预见到的事情接踵而至。我们感觉到，自己正遭遇着什么，握在手中的方向盘已被夺走，自己成了无奈的同乘者。我们被强行推离自己的暖巢，这可能导致我们担心自己再也无法控制未来会发生的事情。

第 1 章 如鸟坠巢

危机也会让我们回避不快。我们不想经历正在发生的事情,但却不得不经历,这本身就会带来不适感。何况根据危机发生的具体情况,我们还需要更长的时间来处理其产生的后果。如果失业了,可能再也无法参加社交活动、无法去度假、无法偿还车贷和房贷、更无法快乐地生活,仿佛过去喜欢的所有事情都离我们而去了。如果发生车祸,可能会因为身体疼痛或损伤而失去快乐。若是不幸罹患癌症,则可能不得不忍受长期的手术和化疗。

危机还会影响我们对关联的需求,从巢中跌落后,我们可能要独自一人面对一切。如果伴侣离开了,我们会感到孤独,甚至可能不再被邀请参加邻居们每周一次的情侣之夜。很多人也发现,当他们遇到危机时,亲密的朋友会突然消失。有些人还会把自己封闭起来,因为他们感到不再被他人理解,有时甚至感到不被自己理解。而如果他们失去了工作,这也意味着他们失去了许多日常的社会联系。他们不再属于公司的一员,不能再和最喜欢的同事一起午休,也不再被邀请参加公司的任何聚会。

在某些事件中,我们对自我价值的需求也会受到威胁。对许多人来说,工作是身份的重要组成部分,意义重大。假如某天我们突然被裁员,那我们还是谁呢?同时,工作也有很强的社会意义。与他人初次见面,我们经常会被问及职业,如果没有了工作,我们难免对自己的价值产生怀疑。其他有助于提升自我价值的事情也是如此。如果伴侣离开了我们，而我们在朋友面前觉得自己像个备胎，这时就会对自己的价值产生困惑："这样的自己，究竟算是什么呢？"如果因为疾病，我们不能再做生活中那些重要的事情，我们又该如何自处？诸如此类的例子，可以写上好几页，这些情况就像危机本身一样多种多样。

真正起决定性作用的是我们应对危机的方式。有些人在这些突发事件中几乎毫发无损，就像甩掉一只烦人的苍蝇一样，迅速回到温暖的巢穴。而另一些人则会陷入一段艰难的时期，直到他们找到回巢之路，或是建造一个新的巢穴。什么能够帮助我们应对危机呢？这将是接下来几章要探讨的核心主题。但在开始之前，我想在下面的小节中提醒大家关注一个重要的问题：究竟在哪些情况下，我们应该寻求专业人士的帮助。

常态止于何处

出现哪些反应时，你应该寻求专业帮助

什么事件会把我们扔出巢外？是否存在一种事件，它对每个人都具有同样的威胁？许多研究者都曾探究过，改变生活的事件或创伤性事件究竟是什么，并试图对这些事件进行枚举和分类。例如，美国心理学家托马斯·霍尔姆斯（Tomas Holmes）和理查德·拉厄（Richard Rahe）最早使用以他们的名字命名的"霍尔姆斯-拉厄

第 1 章　如鸟坠巢

应激量表"（又称"社会再适应评定量表"）列出了足以改变生活的事件清单，他们将这些事件从"压力较小"到"压力很大"进行排序。然而，在我看来，想要制定普适的压力事件等级次序，几乎是不可能的。

在他们的压力表中，搬家的位置比较靠后，因此被归入压力不大的范围内。但是，有一些人因为害怕失去朋友或对新环境心存疑虑，搬到另一个城市会给他们带来很大的压力。而对另一些人来说，搬家却让他们满怀期待，对由此带来的变化充满好奇。最严重的事件被定义为"百分之百的压力事件"，即伴侣去世。但即便如此，这对一些人而言也没有那么沉重。特别是如果你照顾你的伴侣多年，而且他/她长期遭受病痛折磨，那么他/她的离世可能会让你觉得是一种解脱。

其他许多研究者对人为灾害和自然灾害（相对而言，后者更容易让人接受）、可预测事件和不可预测事件、"关键生活事件、日常压力"和"创伤性事件"进行了区分。我不想在这里做这样的区分，因为根据我的经验，这种区分对受影响者来说，通常意义不大。哪种事件会导致个人危机，以及这种危机会带来多大的压力，并没有那么容易说清，这取决于具体情形和受影响的人。分离、车祸、裁员、疾病、入室盗窃给每个人带来的压力都是不同的，就像身体疾病一样，每个人的反应都不同。以流感为例，不同的人感染流感后,其病程发展可能会大相径庭。

真正值得探讨的并非事件本身,而是个人在经历危机时,危机是如何对其产生影响的。如果危机带来的威胁太大,这可能会引发一系列问题。例如,可能会出现急性应激反应、创伤后应激障碍或适应障碍。了解这些反应之间的区别是有好处的,这样你就可以清楚地知道何时应该采取特殊对策、何时应该寻求帮助了。以下描述并不详尽,只是为了让你对自己是否需要专业支持有一个初步的认识。下面这些反应,是基于世界卫生组织(WHO)的分类建议列出的反应。无论何时,主动寻求帮助都是有益无害的。

急性应激反应

所有人都可能在承受非同寻常的压力后出现这种症状。这些症状通常在事件发生后几分钟,有时甚至几个小时后开始出现。症状表现形式多样,并且会发生变化。例如,最初你可能觉得自己仿佛置身事外,有一种不真实的感觉,好像情感都被抽离了一般。随后可能会出现抑郁、焦虑、愤怒、绝望和过度敏感等症状。在大多数情况下,这些症状中的每一种都不会持续太久,但它们会交替出现。这些"情绪波动"可能会让外人和自己感到烦躁,进而带来额外的压力。通常,症状会随着时间的推移而减轻。然而,如果症状没有减轻,而是持续存在甚至加剧,那么在三至四周后,就应该寻求心理帮助了。否则,就有发展成创伤后应激障碍的风险。

第1章 如鸟坠巢

创伤后应激障碍

创伤后应激障碍可能在事件发生后六个月,甚至更长的时间后出现,而之前并未出现急性应激反应。在这类反应中,非自愿回忆是最典型的,它们通常被称为侵扰或闪回。这些非自愿回忆是指在创伤期间感知到的图像、气味或声音,在事件发生很久之后突然再次出现。它们具有所谓的"此时此地特质",也就是说受影响的人会感觉一切都在此时此地重演。这些侵扰会让人感到压力重重,并产生强烈的威胁感。

例如,地震发生后,人们耳中会反复响起地震前的响动;还有一些人,在车祸发生后会反复听到事故发生时的警笛声,或者看到汽车在身前碰撞的场面。这一切是如此地逼真,以至于许多人几乎无法分辨自己是真的再次经历了同样的事情,还是这一切只是发生在自己的脑海中。在外界看来,有创伤后应激障碍的人,可能会出现与经历危机事件时类似的反应,比如会出现颤抖、僵直或逃离等反应。这些回忆也可能出现在噩梦中。

受影响者通常会回避那些可能让他们想起这段经历的人或环境。例如,在机场工作的M女士,午休时被人暴力抢走了手提包。嫌疑人跑掉了,再也没有找到。从那以后,M女士再也无法去上班了,因为她在进入机场时会有剧烈的反应,比如突然强烈的颤抖。还有一些人,宁愿绕道而行,也不愿开车经过自己曾发生车祸的地点。许多人因此而变得自我封闭，内心充斥着空虚、冷漠和麻木之感。

除了回避行为，受影响者还可能出现过度兴奋的症状。他们会变得特别神经质，总是坐立不安，感到焦虑和紧张，容易发怒，注意力难以集中或失眠。他们常常被自己的反应吓到，总担心自己会慢慢疯掉。由此，受影响者往往选择对所经历的事情缄口不言，进而变得更加孤僻、退缩。

在这里，我必须再三强调，这些反应绝不是病态的反应，而是情理之中的正常反应！这些反应出现的目的是想保护我们，防止我们再次经历类似事件，再次遭受同样的折磨。要知道，我们的大脑仍然像石器时代的人类一样运转，想要确保我们存活下去。所以，认识到"我的反应是正常的！不正常的是我所经历的事情"这一点至关重要。

随着时间的推移，这些反应通常会自行消失。不过，去看心理医生对防止症状加剧还是有帮助的。有时，人们会凭直觉做一些事情来摆脱症状，但这些事情有时会无意中加重症状。缺乏社会支持也会导致创伤后应激障碍的发生，我们将在后面的章节中深入讨论这个问题。

我还想指出，受到影响的不仅仅是受害者，目击者也会受到影响。事件的非自愿目击者往往对自己的反应特别恼火，甚至感到羞耻，他们不会承认自己的反应，因为他们身上"并未真正"发生什么事。即使是那些距离事发现场较远的人，也会产生上述反应。例如，地震发生后，我作为危机援助工作者在土耳其开展援助工作时，遇到了一位情况特别糟糕的女士。她告诉我，与她的同事和朋友不同，她的房子在地震中毫发无损。她还说，她家里没有一个人受到哪怕是轻微的伤害。她对自己"实际上很好"感到内疚。

这被称为幸存者内疚。他们会产生与那些看起来受影响很大的人相同的反应。这或许是建立联系的基本需求在这里受到了损害。她觉得自己被排斥在大家都经历过可怕事情的群体之外了，毕竟共同的痛苦也能让人们团结在一起。

适应障碍

适应障碍通常在压力性事件、改变生活的事件发生后一个月内开始出现。当人们无法适应这一事件时，就会出现这种症状。适应障碍不仅会影响情绪变化，还会影响社交行为，工作能力也可能因此受限。适应障碍的症状多种多样，相关人士可能会出现焦虑、抑郁、担忧、忧郁或绝望；也可能出现社交退缩或攻击性行为等。适应障碍的表现也可能与焦虑症或抑郁症的表现类似，患者会感到自己无法再应对日常生活，无法继续生活下去，许多人常有濒临爆炸的感觉。痛苦的主观感受并不取决于事件本身的严重强度，而是取决于被影响者感受到压力的程度。

一般来说，适应障碍的症状会随着时间的推移而减轻，并在大约半年后逐渐消失。如果症状没有逐渐减轻或持续时间更长，则应寻求心理治疗的支持。这也是为了防止出现严重的抑郁障碍，因为抑郁障碍一旦形成，其持续的时间可能会更久。

需要注意的是，如果没有压力事件，上述所有麻烦都不会发生。或许你已经从前面描述的某些症状中，看到了自己的影子。如果你想要更有条理地审视自己在经历困境后的反应，下面的练习表会对你有所帮助。这不是一份诊断问卷，其目的只是帮助你进行自我反思，让你思考一下你的反应给你带来了多大的压力。如果你担心自己患有心理疾病，或者想更深入地了解你做出的反应，请寻求专业人士的帮助。你可以去看精神科医生或心理诊疗师，他们是处理危机方面的专家。他们不仅拥有相关专业学位，还经过了数年的培训经历，并且具备在精神病院工作的丰富经验。

我对危机的反应

请在下面的练习表上做笔记。最好打印自己的练习簿，这样可以有足够的空间来记录内容和进行思考。

第 1 章 如鸟坠巢

♥ 自问	♥ 我的思考和观察
■ 我经历过什么	■ _____
■ 其中什么让我感到有压力	■ _____
■ 该经历之后，我察觉到了哪些身体反应	■ _____
■ 我察觉到了哪些情感	■ _____
■ 存在一个主导的情感，还是各种感觉交相来袭	■ _____
■ 我是否有与过往截然不同的行为	■ _____
■ 究竟是什么导致了这种变化	■ _____
■ 我是否受到了侵扰	■ _____

♥ 自问	♥ 我的思考和观察
■ 如果是，这些侵扰是通过什么方式表现出来的	■ _____
■ 别人是否说过，这个经历改变了我	■ _____
■ 该经历之后出现的反应持续了多长时间	■ _____
■ 随着时间的推移，这些反应有没有发生变化	■ _____
■ 我感受到的压力有多大（0%~100%）	■ _____
■ 我是否应该寻求专业帮助	■ _____

稳定情绪的 10 种能力

在后续章节中,一个指引系统将引导你掌握 10 种能力,借助这些能力,你能更好地理解和处理个人危机。这些能力是我们与生俱来的。重新掌握这些能力的方法主要来自认知行为疗法,这是一种经过大量科学研究验证的心理疗法。这些方法不仅能够在危机中给我们提供帮助,还能将我们从危机之中解救出来。不妨仔细看看,思考一下自己想要尝试和应用其中的哪些方法。如果我们跌出巢外,不应该被动地等待别人的救援,而是应该自己积极地行动起来。

第二部分
稳定情绪的 10 种能力

第2章

接纳不可避免的反应

事实无从改变，态度可以更易。

——古罗马哲学家 爱比克泰德

事实就是如此

我们每个人在生活中都会遇到或大或小的危机。为了让大家尽快进入这个话题，我想从一个小经历讲起。这段经历虽小，却能让大家明白究竟是什么因素导致我们不快乐。有时候，那些看似微不足道的日常烦恼也会成为一种负担，进而引发个人危机。

几乎在我举办的每一次研讨会上，都会有一位与会者一上来就说，自己需要先平静一下，因为他像往常一样经历了堵车，现在已经筋疲力尽了。这时，通常其他人也会跟着抱怨，因为他们也经历了类似的事情。他们有的刚从高速公路的车流中脱身，或者有的人似乎更糟糕，刚从火车上下来，他们乘坐的火车像每天早上一样，没有准点发车，甚至停在了线路中间。当他们谈论这些时，愤怒之情溢于言表，空气中突然充满了攻击性。他们比较谁的遭遇更悲惨，有些人甚至说这是一次又一次的灾难。

第 2 章 接纳不可避免的反应

然后,我问参与者们为什么这么恼火。他们回答说,当然恼火,因为这些状况让人沮丧,在一天真正开始之前就把它给毁掉了。当我问他们恼火是否会改变现状、火车是否会准时到达、交通堵塞是否会得到缓解、他们是否更有可能准时上班时,他们往往非常惊讶地说:"不,当然不会!"当我重新问他们为什么生气时,回应我的只有沉默和难以置信的眼神。

如此耗费精力和心神,却毫无帮助!现在,让我们来想象另一种更为严重的情形。你短暂外出了一会儿,大约一个小时后回到了家中。打开房门的那一刻,你就察觉到有些不对劲,客厅橱柜的一个抽屉竟然躺在走廊中间。走进客厅,你又注意到阳台的门敞开着——家中失窃了。你瘫坐在地上,心中满是震惊与疑惑。怎么会发生这种事?为什么盗贼恰好会选择我家?是我没关好阳台门吗?为什么平常什么都能看到的邻居却什么都没做?

警察赶到后,发现一个装有珠宝和重要文件的盒子被偷了。很多东西可以失而复得,但也有一些东西丢了就再也找不回来。尤其让你伤心的是,你从父亲那里继承来的手表不见了。这块表并没有很高的经济价值,但对你来说却是无可替代的宝贝。为什么闯入者偏偏要拿走这块手表?你责怪自己离开了家。你在家里还能重新感到安全和快乐吗?从那以后,你每天都对这次入室盗窃感到懊恼。你觉得这太不公平了,让人难以置信。几周后,你仍在反复思考为什么会发生这样的事情。

这些例子所描述的反应具有普遍性，与我们在经历其他事情或危机时产生的反应一致。从长远来看，哪些反应是有益的呢？我们的能量会发生什么变化？我们的咒骂当真有用吗？

困于世俗

生气、争吵、诉苦，都是好事。通过这些方式，你可以发泄情绪，并在短时间内感觉稍微好一些。集体诉苦也可以让人与人之间产生联结，大家会团结起来，一起反对其他人或"上面的人。"最初我们会拒绝生活中我们不想要的改变，这是很自然的反应。但是，以多大的强度、在多长时间内保持这样的态度是有意义的呢？如果你连续几个月只纠结一件事，与同事和朋友只谈论这一件事，反复与之抗争，以至于让这件事主宰了你的生活，那么这无疑将消耗大量的精力，最终你却一无所获。

长此以往，我们会感到越来越无力，认为自己改变不了现实，是环境的牺牲品。我们可能会陷入努力与无力的恶性循环。我们还可能开始忧心忡忡、失眠，变得日益疲惫。更严重的是，这种状态甚至会让我们变得愤世嫉俗。

艺术家斯特凡·萨格迈斯特（Stefan Sagmeister）曾说过一句一针见血的话。他的展览"快乐秀"的标语写道："抱怨是愚蠢的。

要么行动，要么忘掉。"如果我们无法凭借自身力量抵御困境，但抱怨又不能改变什么，那么我们还有其他方法吗？在这种情况下，我们还能做出怎样的选择呢？

注意力的焦点

以下这些思考能进一步阐明这一观点。在生活中，存在着诸多与我们息息相关的事情，它们会对我们自身以及我们的生活产生直接影响。这些事情涵盖了方方面面，比如天气、运动、美食、朋友和同事、政治、职场、与丈夫不情愿的分离、家中被盗、车祸、过往的经历、重病、被称为新冠肺炎的病毒，等等。其中有一点很重要，那就是有些事情，无论我们怎样努力都无法改变。例如，重病、过往的经历、入室盗窃、车祸、病毒，以及不那么戏剧性的天气。

与之相反，还有一些事情是我们可以改变的，比如发型、家居设计、是否运动、是否吸烟、晚上吃什么，以及如何对待他人和自己。

可改变的事物　　不可改变的事物

在此需要注意的是，我们关注的是什么，我们对哪些事情最上心。如果反复思考无法改变的事情为什么会发生，并觉得它们不应该发生，那么只会伤害自己。像上面的例子一样，如果我们只想着失窃，继续与它纠缠，只关注这一件事，就会忽略更重要的东西，进而感到越来越无力和无能。这样一来，我们就会感觉自己迷失了方向，丧失了控制权，连基本心理需求也变得越来越不平衡。

过于关注不可改变的事情，只会遮蔽对可改变事情的看法，从而导致我们再也看不清自己能影响什么，不能影响什么。我们会发现自己陷入了"或许可改变"的领域。

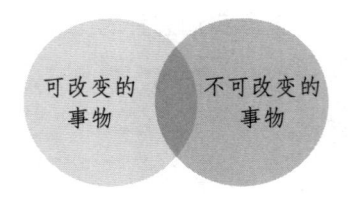

三大领域——可改变的、或许可改变的和不可改变的

接下来，让我们来仔细看看这三个领域。什么情况下一件事是可以改变的？当处于"可改变的"与"不可改变的"之间，时而模糊时而暧昧的领域，你会怎么做？你又该如何处理那些你绝对无法改变，但又不想让它出现在你生活中的事件？

第2章 接纳不可避免的反应

可改变的

第一个领域是自己可以改变的领域。早上穿什么衣服、早餐吃什么、读什么报纸、家里如何布置、结交哪些朋友，等等，你通常都能自己决定。这可以增加你的自我效能感，让你对自身所具备的可能性和能力更有信心。这不仅满足了你提升自我价值的基本需求，也满足了你对控制的基本需求。对此，你可以问自己以下问题：

- 我能够改变哪些对我产生影响的事情呢？
- 我具体能做什么？

可改变的还是不可改变的

第二个领域是最有意思的，因为我们大多数人常常在不知不觉中发现自己身处其中。我们在思考和行动时，并没有考虑我们所经历的事情属于哪一类，是可改变的，还是不可改变的。这里有两种不同的思维模式和行为模式。一方面，我们有时倾向于过早地心灰意冷。我们总是太快地认为事情无论如何都不会有结果，不值得采取行动，因此连尝试去做的想法都没有。例如，当面对同事不公正的行为时，我们连与她谈论这件事的尝试都没有。这样的话，当然一切都不会改变。在这种情况下，我们应该重新审视自己的想法，并向自己提出这样一个问题：我是不是放弃得太早了？

另一方面，尽管我们已经意识到事情并不会成功，但有时还会盲目地抗争。因为我们不知道自己是否真的能影响结果，于是便任由自己被情绪左右，不停地挣扎，以至于最后陷入困境。例如，我们觉得同事不会改变，但仍不断地尝试与他/她交谈，希望他/她能有所改变，但实际上没有任何效果。

这两种情况都需要我们冷静地审视自己的行为，以便获得更清晰的认识。而且，这种审视需要排除情绪的干扰。在这个领域中，我们应该考虑是否需要改变自己、自己是否缺乏某些技能，以及是否需要学习新的东西来应对困境。也许学会用恰当的方式与同事交流，让她倾听并理解你，会对你有所帮助。一旦你掌握了更多的知识和技能，你可能会意识到，你是有可能改变现状的。这样一来，这件事就属于可以改变的领域了，你也就能摆脱不确定的困境，离开"或许可改变"的领域了。

静静地坐下来，问自己这些问题，会对你有所帮助：

- 我是否感到无助，不知道该怎么办；
- 我是否缺乏影响和改善自身处境的技能？

以N女士的经历为例。大家一起做重要决策时，N女士被同事忽视，并被排挤在了团队之外，他们不再告诉她必要的信息。N女

第 2 章 接纳不可避免的反应

士觉得反正与同事交谈没有任何意义,于是就躲着他们。然而,针对她的排挤愈演愈烈,她感到越来越不舒服,几乎很快就无法正常工作了。

在这种处境中,N女士有哪些选择呢?她可以与同事交谈,向他们了解情况。但在此之前,她首先要学会如何与他人交谈,以及如何以最佳方式解决冲突。如果与同事的沟通没有任何效果,她可以求助于上司。当然,问题也可能出在她平常对待同事们的方式上。

当N女士实在无法忍受这种状况时,她寻求了帮助。她向公司的社会咨询服务机构倾诉了自己的遭遇。在交谈中,她意识到自己只能适应和谐的工作氛围,并不清楚该如何恰当地处理冲突。于是,她参加了公司举办的一个研讨会,学习如何更好地处理这种情况。随后,她心平气和地找了一位关系不错的同事谈心,借此机会把她拉到了自己的一边,同时也与上司取得了联系。N女士的情况因此得到了改善,她也明白了,在冲突中自己完全有能力扭转局面。

在个人危机中,为了让情况好转,你有很多可以学习和做的事情。比如,寻求咨询帮助、学习冲突管理、寻求外部调解,等等。但要注意的是,你不是唯一的决定因素。你的影响力不仅取决于自己的能力,还受到诸多其他因素的制约,例如周围的其他人、整体的条件以及所处的环境等。也许，你的同事不愿意与你沟通，你的部门经理也不支持你，这导致局面依然僵持不下。这样一来，原本你希望可以改变的局面，最终却陷入了无法改变的境地。但此处亦有良策。

重要的是，不要陷入"自我优化陷阱。"并非所有事情都是可行的，即使我们经常被这么暗示。在我们的社会中，我们被期望不断地优化自己。很多人坚信，只要努力，就能心想事成。对父母来说，在孩子出生之前就有了这种想法："我们需要最好的婴儿车，这样孩子以后的路才更广阔。"顺理成章地，孩子还应该拥有最好的衣服、最优质的营养、最良好的早期教育，以及合适的书包，等等。我们自己也在竭尽全力，试图走在他人的前列。我们追求最好的汽车、最昂贵的烧烤设备。倘若我们对自己身体的某些部位不满意，就会试图去塑造、优化它们，甚至最后不惜通过动手术来改变。很多人最终在"更高、更快、更远"的集体狂奔中气喘吁吁。然而，他们的身体和心灵却向他们发出信号，表明不想再参加这样的竞争了，因为他们已经精疲力竭了。

当改变现状的期望成为一种难以抑制的妄想时，问题就会变得非常严重。L太太的情况就是这样。她想要孩子的愿望一直没有实现，于是她决定接受人工授精。然而第一次尝试就失败了，很快她又接受了第二次、第三次人工授精。为此，这对夫妇在经济上的花

第 2 章 接纳不可避免的反应

费达到了极限,而且由于成功的概率很低,主治医生建议他们停止继续尝试。尽管 L 太太深知治疗的艰辛和劳苦,但她仍然希望继续治疗。毕竟她已经投入了这么多,在她看来,放弃不是好的选择,而且放弃的代价远远高于继续治疗的代价。

这种现象被称为"沉没成本谬误。"这个现象最初源于金融领域,但却能很好地解释人类的一般行为。沉没成本是已经产生的、无法逆转的成本。在心理学中,成本指的是心理成本,如努力、精力和时间。已经产生的成本会影响未来投资的决策,这意味着人们决定是否继续取决于已经投入的成本,而非理性的判断。既然已经投入了这么多,当事人会觉得不能轻易停下,否则所有的成本都将白费,所有的时间和精力都将付诸东流。

他们往往不会思考继续投入意味着什么,即使成功的希望渺茫,还是会投入更多的精力去尝试。于是,就像"一鼓作气,再而衰,三而竭"所说的那样,精力不断地被消耗掉。停下来,接纳现状——如果能记住这一点,结果也许会有所不同。就拿 L 太太的例子来说,如果她先接受无法生育的事实,也许会做出不同的选择。

类似的情况在生活中比比皆是:坚守着一段不再合适却为之奋斗了多年的婚姻;继续做一份不喜欢的工作;你觉得自己被占了便宜,却继续为朋友做事,好让他们最终爱上你。由于已经投入了很多,大家根本不愿意停下来。停止与放弃常常被混为一谈。然而,在这些情况下，一切努力都无济于事。你的丈夫不会改变，你在这家公司依旧难以有发展，而你的朋友们也早已习以为常了。

这就引出了最后一组问题。在回答这些问题时，你需要对自己做到完全坦诚：

- 我是否已经尝试了太多次？在这个过程中，我是否在浪费自己的精力？
- 我是否认为，我已经投入了这么多，最终一定会得到积极的结果？认为我只需要更加努力，最终就会有回报？
- 我是否认为如果我停下来，我就输了？这种想法会阻止我停下来吗？
- 我是否对现状耿耿于怀很久了？
- 我是否在试图改变一些我无法改变的事情？

如果你对其中一个问题的回答是肯定的，那么你面对的问题可能属于第三个领域。你无法改变这个领域的事情，它们是不可改变的。

不可改变的

第三个领域，是我们绝对无法再对事情施加任何影响的领域。这既可能是不断变化的小问题，如天气、交通堵塞、火车延误、部门重组,或是遇到不公正对待自己的同事,也可能是更严重的问题,如我们自己的过去、衰老、被裁员、入室盗窃、膝盖疼痛、地震灾害、严重的癌症、在空难中失去亲友,以及突如其来的冠状病毒大流行。这些事情确实无法改变,但它们压得我们喘不过气,不仅影响了我们的思维,还限制了我们的行动能力,甚至将我们彻底击垮。在这类情况下,我们往往会变得情绪非常激动,因为我们认为不该发生的事发生了。我们不想经历这些,并用身上的每一个细胞来抵御它们。

彻底接纳

我们能做什么?如果只关注无法改变的事情,昼思夜想,纠缠不休,一味地认为这些事情根本就不该发生,我们就会越发觉得自己是受害者。在大多数情况下,这种想法只会增加我们的痛苦。然而,产生这种痛苦感受的根源并非外部环境,而恰恰是我们自己。我们像上述那样行事时,注意力全部集中在我们希望事情怎样,我们认为事情应该怎样。这样思考时,我们就认不清可以掌控的事物,并且容易忽略现实。

有些情况已然无法改变。那么在这种情况下,我们究竟还能做些什么呢?我们还有选择的余地吗?答案是肯定的。我们可以选择接纳无法改变的事实,而且彻底地接纳它们,这也就是"彻底接纳"

这一概念的由来。彻底接纳能让我们提升自我效能感，从而重新掌握生活的主动权。很多时候，我们无法左右事情的发生，但可以决定如何应对它！

说起来容易做起来难

接纳命运的沉重打击并非易事，怨天尤人也是人之常情。但是，在某个时刻，我们应该停下来，接纳已经发生的一切，这对我们是有益的。这是向前迈进的唯一途径，我们必须接纳它，而且是彻底接纳！彻底接纳，意味着我们也必须接纳由此带来的所有感受。仅仅接纳一部分是不够的，这样我们没法真正直面现实。我们要接纳的是全部的现实，而不是部分的现实。

接纳现实是一件很困难的事。有时候，已经发生的事偏偏就是我们无法接受的，我们不愿意面对无法改变的现实。就像V先生，他的妻子在度假时不幸溺水身亡。V先生曾说："如果我接纳妻子已经去世的事实，那就意味着我从未爱过她。我可以承认这件事发生了，而那样我就输了。这不公平。"这个世界公平吗？只有接纳世界不公平的事实，我们才能继续前进。彻底接纳是避免痛苦的唯一途径。当然，V先生无法在不幸发生后立即接纳所发生的一切是正常的，接纳需要时间。一年后他对我说："只有当我接纳我的妻子真的已经溺水身亡，而我对此无能为力时，我才能重新生活下去。"

第 2 章　接纳不可避免的反应

　　L 先生的情况也类似。他最近失明了，他试图通过无数次检查来弄清是否还有转机。他拜访了多位专家，他的想法集中在还能向谁请教是否有灵丹妙药，以及如何才能恢复他的视力。于是他的精神状态越来越差。治疗结束时他告诉我，只有当他接纳了自己真的会失明的事实后，他才重新开启了生活。也只有这样，他才能学会如何面对失明。

　　如果你家里失窃了，你应该和警察一起探讨怎样做才能增加小偷作案的难度。你这么做的前提是必须接受如下事实：这种糟糕的事情是可能发生的，并不存在百分之百的保障。只有当你迈入彻底接纳的大门，你才能重新掌控自己的生活，并设法在既定事实基础之上让生活更满意。在彻底接纳之门的背后，是决定之闸：你能够决定自己做什么，如何应对危机，之后才能继续前行。你将再次对自己可以改变的事物投以自由的目光。你重获了控制权，可以重新学习，学习如何应对无法改变的环境，学习如何行动才能重新获得快乐和满足。

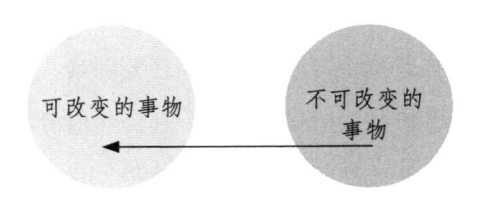

将目光从不可改变的事物上转移到可改变的事物上

彻底接纳并不意味着对现实无动于衷，不是简单地接纳一切，然后退回到自己的世界。我们中的许多人希望自己有不一样的过去，并且每天纠结于此。我们能改变过去吗？不能。过去的事情无法挽回，我们不应该让它主宰当下的生活。而你能改变的是对待过去的态度。在这方面，第一步也是（彻底）接纳。

这种接纳不仅能解决重大危机，还能解决日常的小烦恼。为什么要为自己无法改变的事情而烦恼呢？这取决于你想如何对待自己。为什么要生气？生气是令人心烦的，无论生气还是不生气，时间都会飞逝。最好没有压力地度过这些时间。正如我们将在"逃离反刍之笼"一章中看到的那样，与其闷闷不乐，寻找解决办法才是明智之举。如果火车晚点，你可以搭乘早班车，这样就能给自己留出一些缓冲的时间。在火车上，你还可以读一本好书来打发时间。如果火车准点到达，你也能早点到公司，说不定还能早点回家。不管最终的结果如何，这样的应对方式都会让你感到轻松许多。

因此，彻底接纳是有价值的。这句话说起来容易，做起来也很简单。然而，在短期内，做到彻底接纳可能极其困难，甚至令人疲惫。有时它甚至比对抗不可改变的事情还要困难，尤其是当我们内心并不想接纳一些事情的时候。但是，这仍然值得我们努力，因为彻底接纳是摆脱无法改变的困境的唯一途径。只有跨过彻底接纳这道门槛，你才能做出对自己未来有益、通向满意生活的决定。

第 2 章 接纳不可避免的反应

请记住：危机意味着"决定。"

接纳的八大要点

1. 接纳不是被动的，接纳是非常主动的。它是一种主动的、有意识的决定，决定不再固着在某种情境中。只有接纳现状，你才能迈进行动之门，进而做出决定，规划你的生活，去做其他事情。这样一来，你就从受害者变成了创造者，唤醒了自我效能感。

2. 接纳并不意味着你喜欢你所接纳的事物。我们永远不会觉得生活中的某些事情是好事。飞机失事、地震、家中被盗绝对不是什么好事。你所接纳的是这些不幸已然发生的事实，但这并不意味着你必须喜欢它们，或者从中挖掘出什么意义。

3. 每个人都需要按各自的节奏来接纳事物。首先，你必须认识到事情已不可改变，其次，接纳它们。在这个过程中，不同的人花费的时间不一样，不要让别人给你压力。

4. 接纳并不意味着认命，彻底接纳也并不意味着你对发生的事情无动于衷，简单地接受一切，然后听天由命。彻底接纳意味着你有意识地承认了一些事。

5. 彻底接纳意味着你已经抵达现实。只有当你接纳了不可改变的事实，你才有能力分析所发生的事。之后你就可以掌握方向盘，掌控生活。你可以决定自己如何应对危机，这样就能重新掌控自己的行动，重新变得快乐。接受现状是前进的前提条件。

6. 接纳并不意味着你认为你所接纳的事情是公平的，不幸和危机往往毫无缘由地降临。接纳并不意味着你认可不公。

7. 接纳并不意味着你输了。相反，你胜出了，你赢回了自我效能感和行动力。

8. 通过接纳，你也可以停止冥思苦想，通过接纳你可以找回内心的平静。

我身处何处

请在下方横线处尽可能详细地描述你记忆深刻的经历。你经历了什么？你对此有什么想法？

_____

_____

_____

_____

_____

_____

_____

第 2 章 接纳不可避免的反应

然后，想一想你将此次经历归到哪个领域？

可改变的	可改变的还是不可改变的	不可改变的
↓ 那就改变	**我能改变什么吗** 我是否过早地放弃了 我已经尝试做了什么了吗 是我能力不足吗 我是否付出了太多精力 **结论：我能改变什么吗** 是　　　　否	↓ 如果情况真的无法改变，那就彻底接纳它 然后，想想你能做些什么
我的思考以及相应的例子		

彻底接纳并不容易。为了做到这点，你可以采取什么行动？

- 假设你盼望情况有所不同，那么情况会因此而改变吗？这个愿望会让你感觉好些吗？
- 允许负面情绪出现，但不要让它们压垮你。要限制用来处理负面情绪的时间。
- 你已经抵达现实了吗，还是你在幻梦中进入了另一个现实、另一个世界？
- 我的生活发生了不好的变化，如果我希望一切保持原样，会对我有帮助吗？如果我对过去念念不忘，会对我有帮助吗？
- 要清楚地认识到，你无法控制和影响一切。已经发生的事情是生活的一部分，转变你的思路，认清你可以影响的事情。
- 像对待好朋友一样善待自己。
- 寻找榜样。你认识成功克服了困难的人吗？
- 回忆一下你的资源。你有印象深刻的经历吗？你是如何应对的？你具体做了什么？向谁求助了？
- 注意你的用语。你是否经常说"我不能……""这不应该""我必须……"这样的句子？这些语句往往是你面对无法控制的情况时做出的反应。与此相反，你得说"我想……""我会……"。
- 请务必记住，即便你已经在某个经历上纠缠许久、投入甚多，但放弃仍不失为明智的选择。

第3章

走出障碍性思维的恶性循环

你生活的幸福,取决于你思想的特质。

——古罗马哲学家 马可·奥勒留·安东尼努斯

突如其来的变故

首先,我想引入两个个人危机的例子。B女士在完全无过失的情况下,突然失业了。这对她来说是当头一棒,因为她多年来一直兢兢业业地为公司服务。她为自己的失业感到羞愧,无论如何都不想让任何人知道这件事。于是,她每天早上按时起床,像往常一样拉起百叶窗,一整天都尽量不发出任何声音,以免邻居知道她在家。只有在下午早些时候,也就是她通常应该在家的时间,她才允许自己到外面的花园里去走走。她脑子里一直盘旋着一句话:如果邻居们知道我失业了,他们会怎么想?

T女士也是在很意外的情况下遭到解雇的。公司财务状况堪忧,尽管她多年来一直表现良好,但她仍然被裁了。她也努力维持着上班时的状态,所有的行为都是为了确保邻居们不会知晓她的境遇。

这两位女士的住所仅隔了两栋房子,而她们对彼此的共同命运

第 3 章 走出障碍性思维的恶性循环

一无所知。如果她们能互相倾诉，而不是一味遮掩，她们就会意识到自己并不是独自在面对问题。也许，她们本可以在早上一起做些什么，在求职时互相支持、互相帮助。

想法究竟怎么了

有时，思绪就像不速之客一样，突然出现在我们的脑海中，并在黑暗的角落里扎下根来。我们任其发展，并在它们冒头时予以投喂。这让它们在我们的脑海中感觉良好，在某一时刻，它们就成了我们思维的一部分。它们留下来，惬意地安营扎寨。它们越来越像恶心的寄生虫，不断消耗着我们的精力，让我们为之付出代价。过了一段时间，我们甚至意识不到它们的存在，只是奇怪为什么有时会如此精疲力竭。它们会在最不合适的时候出现，支配我们的行动。我们每个人的头脑中都有这样的思想寄生虫。就像那两位女士，在她们的个人危机中，不被邻居注意到尤为重要。她们的寄生虫叫作"邻居们该怎么想。"而我们通常会做最坏的假设。

有些寄生虫从我们孩提时代就存在了，我们全然不问它们为什么存在，也不问我们是否还想让它们存在。如果我们允许这些入侵者就这样留在身边，从某个时刻开始，它们就会主宰我们的生活。我们应该与它们接触，问问它们想要我们怎么样，倘若它们不改变，必要时，就要求它们离开。但大多数时候，我们都不会这么做，因为放任它们存在似乎更加容易。而且，这就像我们所有的习惯一样，我们对它们已经非常熟悉，即便替换掉它们，新的也未必更好。这就是我们宁愿不把这些寄生虫赶走的原因。

从原则上来说，在某些情况下，它们的存在是合理的。例如，"邻居们该怎么想"这句话就值得思考。毕竟我们并不是独自生活在这个世界上，在某些情况下我们应当和他人谋求妥协。然而，如果这一念头越变越大，占据的空间越来越大，以至于决定了我们的行为，那它的存在就弊大于利了。我们会限制自己，思想寄生虫会成为行动的障碍，我们会掉进陷阱。特别是在危机和灾难中，这些寄生虫可能会异常强大。

有一些寄生虫，我们甚至察觉不到，觉得它们是我们的一部分，就像呼吸离不开空气一样，丝毫意识不到它们的危害有多大。别人的看法可能就是这样一种寄生虫，我们不断受其侵扰，并认为这是"正常"的。因此，我们应该意识到这种想法的存在，然后才能够改变它。

接下来，我将概括介绍我们头脑中最常见的几种"思想寄生虫。"在心理学中，这被称为思维误区。它们存在于许多人的日常生活中。我们通常不会质疑它们，而是照单全收。尤其当我们遇到个人危机时，这些思维误区就会活跃起来，成为我们摆脱危机的额外障碍。我们因此而变得无力，更加绝望。我们的第一步是了解这些思维误区（思想寄生虫），第二步则是学会如何赶走它们。

思维误区：头脑中的寄生虫

读心术

我们花了很多时间揣摩别人的想法，坚信自己知道别人是怎么看待自己的，而且这种揣测往往都是往最坏的方面去想。实际上，这种揣测并没有客观的证据，甚至连真实性都无法确认，但我们却笃定这种揣测是正确的：

- 邻居们知道我被解雇后会怎么想；
- 我现在感染了新冠，我的同事们会怎么想；
- 我的朋友们得知我出了车祸，都觉得我无能。

然后，我们就会采取预期性服从的行动，躲得远远的，避开朋友、邻居和同事，但我们并不知道别人的真实想法。例如，当我的患者为失业感到羞愧时，我会问他："当你的邻居失业时，你会怎么想？"我得到的答案往往是，他们并不觉得有什么不好，甚至可能会表示同情。在这种情况下，我们应该好好问问自己，为什么会觉得自己比邻居好？为什么我们坚信自己对邻居的看法比邻居对我们的看法要更友善呢？

另一方面，我们期望别人能读懂我们的心思，觉得他们一定知道我们需要什么或者想要什么：

- 我的老板肯定知道我不喜欢这项任务，我没必要多说什么；
- 我的丈夫离开了我，我的朋友肯定知道现在对我来说什么才是好的。

我们常常不愿意表达自己的愿望和需求。在我们的观念里，如果主动表达愿望，那么愿望的实现就一文不值。于是，我们默默地承受着痛苦，暗自期待着对方能为我们做些什么，并且觉得只要对方真正理解自己、喜欢自己，就一定会做一些事情。然而，我们并非生活在童话世界里。现实世界中没有魔法，也没有神奇的力量，别人根本无法预知我们的想法。

同样，你也不可能知道别人到底在想什么。即便你自认为了解别人的想法，但那也未必就是他们真正的所思所想。当你试图通过揣摩他人的想法来迎合对方时，这是很糟糕的，也就是说，当你试着成为你认为自己需要成为的样子时，这是很糟糕的。因为如此一来，你就没有按照自己真正想要的方式去生活。

个人化

我们常常会在没有任何证据的情况下，将某些事件与自己的感

第 3 章 走出障碍性思维的恶性循环

受联系起来：

- 他没跟我打招呼，他对我有意见；
- 我儿子出了车祸，我有责任，因为我把车借给了他；
- 我得癌症是必然的，因为我没有好好照顾自己。

我们将自己视为相关事件的起因，将一切和自己关联起来，并把不幸的责任过多地归咎于自身。因此，我们会产生负面情绪。我们经常会为一些事情感到内疚或羞愧，但仔细思考一下就会明白，我们并不对这些事情负有责任，它们也不是我们所能负责的。

受这种错误思维的影响，我们忽略了一个重要事实，那就是很多事情会受到外界因素的作用。有些事情是由其他人的经历和行为导致的，而且引发很多事情的原因是复杂多样的，尤其引发危机的原因更不是单一的。危机往往会在那些相互关联、彼此依存的"思想寄生虫"的作用下变得更加严重。受此影响，我们甚至根本不会去考虑其他合理的解释。

过度概括

当陷入过度概括的思维误区时，我们会根据一个或多个孤立事件，总结出一条普遍规则。随后扩大这一规则的应用范围，并将其应用到未来的其他事情上：

- 我出了车祸，我总是不走运，下一次事故肯定又会很快发生在我身上；
- 我永远不会快乐；
- 在我身上，所有的事情都会出问题；
- 我永远无法忘记所发生的事。

生活总是如此绝对吗？其实，还有许多其他的可能性会出现。我相信你也曾认为自己不会忘记某件事情，但后来你还是遗忘了。你的第一次失恋是什么样的？后来你真的没有再找到新的伴侣吗？

"必须"思维

很多人常常觉得自己"必须"做某些事情，这种想法通常会给我们带来不必要的压力，还限制了我们自主做决定的自由。我们常常忽略了一个事实，那就是很多事情其实并不是非做不可。真正主导我们的，其实是我们内心对自己的要求，比如：

- 我现在必须振作起来；
- 我必须处理好一切；
- 我必须坚强。

你为什么必须做这些事？是谁告诉你的？如果老是说"我必须……"，这其实传达了一个信息，那就是我们并没有做出符合自己内心的决定。这违背了我们对自主权和控制权的需求。没有人非得"必须"做什么。我们不妨来做一个小练习：在一天之内，注意你在脑海中对自己说"我必须……"的频率，并记录下这些句子。第二天，试着用"我想……"作为这些句子的开头，从而有意识地改变思考方式。你注意到这两句话的不同了吗？

把感觉当作证据

我们有时会认定某件事情是真实的，仅仅是因为我们内心强烈地"感觉"（实际上是深信不疑）到它就是如此，以至于让感觉凌驾于逻辑思维之上。此外，我们还会忽略相反的证据，或者轻视这些证据的价值。比如：

- 我自我感觉很差，所以这种情况都怪我；
- 我很惭愧，我把一切都做错了，否则我不会这么难受；
- 我感到绝望，所以在这种情况下，没法做出任何改变了。

仓促解读

我们总是迅速对周围发生的事做出判断和解读，在此过程中，我们没有花费时间去判断，更没有进行逻辑性的思考。随后，我们毫无置疑地相信自己的解读是正确的。尤其是当涉及负面判断时，这种做法很容易引发问题。就像我们谈论"坏"天气时，这其实就是我们对事物的一种主观看法。例如：

- 今天是糟糕的一天；
- 这个人太可怕了。

这样一来，我们就过快地给现实赋予了不利的意义，并把我们草率的解释当作事实。这样的做法，往往会损害我们的情感体验。

标签化或刻板印象

我们在给事物贴标签时，往往过于概括化。我们给自己或他人贴上固定的、不可改变的、全局性的标签。在这个过程中，我们忽视了一些关键线索，而这些线索本可以让我们得出不那么极端的结论。例如：

- 所有公务员都很懒；
- 我是一个彻底的失败者；
- 心理学家自己就是疯子；
- 我是一个苦命人。

即便在一个性质相近的群体里，比如某个特定职业群体或者部门中，人们的性格也大相径庭。然而，我们却常常给同一群体中的人赋予相同的刻板印象。这就好比打开一个抽屉，从外面给抽屉贴上标签，给抽屉里的人分类，然后再关上抽屉，这样做确实简单便捷。通过这种方式，我们营造了一种表面上的秩序，这给我们一种安全感，仿佛我们清楚地知道该如何看待每一个人。但实际上，这种做法让我们失去了对自己和他人进行更细致、更准确思考的能力。

非黑即白或两极化思维

一旦陷入这种思维误区，我们的世界就只剩下两种颜色、两个领域了，非此即彼。在这种思维误区中，我们基本上只把事件和人分为两类，完全忽略了灰色调，而灰色调才是生活的主要色调。即使是黑白照片，也离不开灰色调，否则就只是一张毫无生气的剪影罢了。例如：

- 因为我犯了一个错误，所以我完全没有能力；
- 因为我的丈夫离开了我，所以我完全没有吸引力；
- 因为我的老板把我裁了，所以我很无能，再也找不到工作了。

为什么这些障碍、这些思想寄生虫会如此顽固地深植于我们的头脑中呢？大多数时候，我们以一种不良的方式进行自我证实，才使得它们得以滋生蔓延。它们成了我们的一部分，像阴影一样笼罩着一切。这种现象可以用自我实现预言理论来解释。

具体来说，我们坚信某些事件将会发生，这种信念会改变我们的行为，进而增加了事件实际发生的概率。例如，如果我们坚信，邻居会因为我们失业而对我们有不好的看法，我们自己的行为就会改变。我们会简短地打招呼，然后迅速消失在自己的房子里。邻居们注意到了我们行为的改变，也改变了对我们的态度。他们感到生气，也许觉得被冒犯了。反过来，我们也注意到了这种行为上的变化，并觉得自己的假设得到了证实（他们一定是注意到我失业了，他们表现得太奇怪了。我就知道，他们一听说我失业了，就再也不想和我有任何瓜葛了）。我们觉得自己得到了确证，我们的错误观念也得到了强化（当别人发现我失业了，他们会认为我没有能力，并拒绝我）。但实际上，我们的邻居对我们失业的事情一无所知，他们只是对我们行为的改变感到惊讶，并对此做出了反应。

我们所坚信的许多事情都是如此。我们一次又一次地自我确证。如果我们坚信在13号的星期五会有不好的事情发生，那么事情真的发生的可能性就会增加。因为我们的行为会与没有这种想法时有所不同。下楼梯时会格外小心，开车时也一直神经紧绷……然后事情就真的发生了。我就知道，13号的星期五是个不吉利的日子！我们会在心里记下这一点，以便下次更加小心。记忆有很强的选择性，如果和预期相反，13号的星期五并没有发生不好的事情，那我们很快就会忘记。这是因为我们觉得它没那么重要，而且也不符合之前的假设，所以为了简单起见，我们甚至不会记住它。这就引出了另一个重要话题——选择性知觉。

第 3 章 走出障碍性思维的恶性循环

选择性知觉

当我们探讨思维时,我们也必须谈谈知觉,因为两者相互影响。我们对周围环境的知觉总是相同的吗?你肯定有所体会,当面对某些事情时,自己的知觉会发生变化。当遇到积极的事情时,比如当你想买一辆某品牌的新车时,你会突然看到更多的这个品牌的车;如果你怀孕了,你会注意到更多的孕妇。如果你经历的是消极的事情,例如你刚刚被抛弃,你只会看到周围幸福的情侣;如果你得了非常严重的疾病,你只会注意到健康的人。由此可见,我们永远只能感知现实的一部分。

我们的知觉具有选择性,只筛选我们感兴趣的东西。如果没有这个过滤器,大脑就无法应对纷至沓来的信息。那么,知觉究竟保留了什么?知觉保留的是那些我们认为重要的东西。大脑会判断,什么是重要的,什么是不重要的,这种判断与我们自身有很大关系。这意味着,即使两个人肩并肩走过同一条商业街,他们看到的东西也可能完全不同。一个人只看到情侣,另一个人只看到孕妇。对时尚感兴趣的人看到的东西,肯定与饥饿的人看到的东西不同。那些在当下对我们来说并不重要的东西会淡出视野。也许你曾坐在咖啡馆里,听着邻桌的谈话,因为你听到了一个能够引起你注意的词。而你没有注意到,你自己的交谈对象在告诉你什么,他又是如何做手势和摇头等动作的。

让我们自己做一个选择性知觉测试吧。现在，环顾四周，数一数周围所有蓝色的东西。看看它们一共有多少种？你以前注意过它们吗？其中的大部分东西，你之前可能都没有留意过。现在，单单是"蓝色"这个颜色提示，就能使其中某些东西变得重要，并成功引起你的注意。或者，你也可以先数蓝色的东西，之后闭上眼睛，试着数一数房间里所有红色的东西。结果如何呢？你是否注意到了更多的蓝色物品，却因为之前把注意力集中在蓝色东西上，而记不起任何红色的东西呢？

以下是一个很棒的例子。心理学家克里斯托弗·查布里斯（Christopher Chabris）和丹尼尔·西蒙斯（Daniel Simons）拍摄了一部电影，电影中有两支球队在打篮球。观众被提示要数一数传球的次数。结果，很少有人注意到有一只大猩猩刚刚跑进了画面，因为他们的注意力全都集中在数传球次数上。大多数人事后都不相信自己会错过这只大猩猩，他们怀疑根本就没有这只大猩猩。当他们第二次观看影片看到大猩猩时，感到非常震惊。之所以他们第二次能看到大猩猩，是因为他们现在有意识地关注着大猩猩，不再为数数而分心了。你可以在互联网上找到《看不见的大猩猩》（*Der unsichtbare Gorilla*）这部影片，和你的朋友一起试试这个实验吧。

情绪不佳时的知觉

还有一件重要的事，那就是我们对于那些与自身情绪相契合的事物的感知会更为强烈。因此，如果心情不好，我们就更容易感知到负面的、存在问题的事情，甚至可能会夸大这些事情的程度。如果早上带着糟糕的心情去上班，我们往往只会注意到刁难我们的顾客、不愉快地和我们打招呼的同事、老板挑剔的眼神。而那些友好的顾客、和善的同事、老板的表扬都将被我们忽略。

特别在个人危机中，当我们沮丧、悲伤甚至绝望的时候，更应该注意自己的知觉是否被蒙蔽了，同时努力去寻找那些可能存在的希望之光。停顿片刻，想一想，是否在自己身上也看到了思维误区？这些误区是否加剧了你的个人危机？你的头脑中有哪些思想寄生虫？

你在自己身上观察到了哪些思维误区？请试着填在下面的表格中。

思维误区	是否存在/有多频繁
读心术	■ _____
个人化	■ _____

思维误区	是否存在/有多频繁
过度概括	▉ _____
"必须"思维	▉ _____
把感觉当作证据	▉ _____
仓促解读	▉ _____
标签化	▉ _____
非黑即白思维	▉ _____
选择性知觉	▉ _____

为了使关于知觉的阐述更加完整全面,我想在证人证词方面做一个简短的延伸。

第 3 章 走出障碍性思维的恶性循环

知觉心理学之旅——犯罪世界

我们的知觉会受到外界因素的影响。以我所属大学的法学研究项目为例,我们调查了对证词产生负面影响的因素,并研究了如何提高证词的准确性。美国研究者伊丽莎白·洛夫特斯(Elizabeth F.Loftus)曾进行过一项经典研究,研究结果证明,询问证人时的用词会影响审问结果。在研究中,她将看过车祸影片的被试分为三组,然后分别问他们:"当汽车'相接触'、'相碰'或'相撞'时,它们的速度有多快?"根据所选词语的不同,被试估算的速度依次递增。一周后,被试被问及他们是否看到了碎玻璃,尽管影片中没有出现碎玻璃,但那些被提示汽车"相撞"的大多数人说自己的确看到了碎玻璃。

在我们自己开展的一项实验中,研究了错误的罪犯画像所带来的误导效果。我们向被试播放了一部自制影片,影片呈现的是一家眼镜店发生的盗窃案。一周后,我们要求被试指认作案者。在此之前,我们刚刚给被试提供了有关该案件的各种报道。其中,三分之一的被试收到的报道上有实际作案人的素描,而第二组被试收到的文章则附有另一个人的照片,这个人也在随后的照片指认中。最后一组拿到的文章则不包含照片。结果证明,第二组的虚假素描导致认错人的比率很高。

伊丽莎白·洛夫特斯的另一项实验证实,证人会受到言语上的误导。在这项实验中，被试观看了一部罪犯试图闯入汽车的影片。然后，他们阅读了一份据称由一位教授撰写的关于肇事者的描述。那些从这个描述中读到罪犯有小胡子（实际上并没有）的人，在随后的排查中指控了一个有小胡子的人。

你已经看到，我们的知觉不仅取决于我们内心认为什么是重要的，还会受到外界诸多因素的影响。即使身处同一空间，两个人感知到的东西也可能完全不同。你的感知不是无懈可击的视频文件，因此不能将其作为证明现实的可靠依据。

危机中我们的知觉

那么，上述所讲的一切，与我们的主题"危机"有什么关系呢？自古以来，人类就需要从环境中筛选出对自己重要的东西。即使在今天，我们的大脑仍然被设定为在一个看似危险的世界中生存。我们只有一个大脑，在进化过程中，它在危险领域上的变化小得令人吃惊。因此，当遭遇个人危机时，我们会优先感知到危险。这能让我们及时做出反应，从而保障自身的生存。即使在危机发生后，危险模式也不会立即完全关闭。这就是为什么在危机结束后，我们也不会想"那很糟糕，但已经过去了。"相反，大脑希望避开未来的危险，因此对危险的知觉会更加敏锐。

时至今日，大脑的这种工作方式在危险时刻仍然是重要和有益

第3章 走出障碍性思维的恶性循环

的。毕竟，危机有时不会马上停止，还会反复出现。在这种情况下，我们还需要在一段时间内保持警惕，想想道路交通中的种种情况，你就明白了。然而，如果你和你的大脑都过度反应、夸大其词，只从消极的角度看待压力事件后的世界，那么对你自己、你的未来和其他人都将产生不良影响。这种选择性知觉会让人过分高估这次经历的危险程度。这对那些在关键事件之前就已经有不良思维模式，并经常臆想自己处于危险之中的人来说尤其严重，会使他们在应对危险时变得愈发困难。

一旦陷入这种状态，仿佛每个角落都潜伏着威胁。如果我们过度概括，就可能会认为自己一旦被解雇，就再也无法获得快乐，而且更糟的事情很快就会发生；我们甚至还会给自己贴上"失败者"的标签，认为自己一无是处；我们的其他才能也不再有价值，变得模糊不清，被那些思想寄生虫所遮蔽。

在这种情况下需要注意的是，不要让自己的思维进入螺旋式下降的状态，不要让当前的危机变成普遍的人生危机。因为我们不断在思想上确认灾祸，这会让我们觉得这些灾祸发生得更加频繁，而且与那些我们不予理会的灾祸相比，这些被强化的灾祸更有可能再次发生。再加上自我实现的预言，这就成了一杯危险的鸡尾酒。尤其在个人危机中，它会阻碍你变得更好。我们的思维模式和对该经历的判断，对如何处理危机起着决定性的作用。再次引用本章开头马可·奥勒留的话:"你生活的幸福,取决于你思想的特质。"

我们能做什么呢?我们所经历的一切都无法挽回,但我们可以改变自己的思维和行动模式,这最终会促使我们改变应对危机的方式。不过,这并不容易,如果我们在生活中反复犯过类似的思维错误,思维就会在大脑中留下痕迹。如今我们知道,大脑是可塑的,这就是所谓的神经可塑性。如果我们反复思考同一件事,这种思考方式就会反映在大脑结构中。如果我们想用与以往不同的方式思考,就必须重塑我们的大脑。

如果我们发现自己有这样的思维错误,该怎么办呢?如果你觉得某种想法对自己没有帮助,只会让情况变得更糟,该怎么办?让我们先来看看哪些做法是没有帮助的。很多人会尝试不去想脑子里的某些想法,也就是忽略这些寄生虫,但这种做法真的有用吗?在继续阅读之前,我们先做个小实验,请定时一分钟。

现在,请试着在一分钟之内,不要去想一只绿色的马。

成功了吗?大概没有。不管你用了什么策略来避免去想一匹绿马,最终很可能只会让你更强烈地想起这匹马。在进行这项实验之前,你是否经常想到一匹绿马呢?如果是,你应该去看心理医生……

我们的思想就像一个水球。如果你用尽全力把水球按到水下,

第3章 走出障碍性思维的恶性循环

一旦你突然松开它,它会弹得更高。压制不愉快的想法需要很大的力量。如果你不小心或力量有所减弱,这些想法就会更强烈地重新浮现在脑海中。在心理学中,这种效应被称为"白熊效应。"当然,它不仅对白熊或绿马有效,对你所有想法都有效。

与其把自己的想法推开,不如将其置于放大镜下,然后加以分析。"说起来容易做起来难""我知道我应该积极地想",这是我经常听到的回答。不,你不应该这样做,我个人并不认同"积极地想"这个说法。重要的是,我们要进行有益且符合现实的思考,这样才能让寄生虫现出原形,教它学会礼貌。或者,我们也可以用更友好的"客人",即共生体来代替它。

为了产生新的、有益的想法,我们应该与自己对话,问自己几个问题。通过诚实地回答这些问题,我们一定会清晰地意识到,当时那个想法是多么地无益。下面的一些问题可能会对你有所帮助。不过,需要注意的是,并非每个问题都适用于所有的困境。例如,如果你的孩子与你断绝了联系,这与你被解雇的情况是不同的。看看在当前的危机中什么最适合你,然后与自己进行一场内心对话。

♥ 我脑中的无益想法

- _____
- _____
- _____

♥ 我可以对自己提哪些问题

- _____
- _____
- _____

♥ 新的、有益的想法

- _____
- _____
- _____

第3章 走出障碍性思维的恶性循环

更正思维误区

第一个问题：从长远来看，这种想法对我有帮助吗？

自动产生的、像寄生虫一样的想法对我们往往毫无帮助。因为我们常常用它们来限制自己。认为邻居对自己有不好的看法、认为自己永远无法从与生活伴侣的分离中走出来，这样的想法对我们有帮助吗？当然，一开始我们感觉有帮助，尤其是在第二个例子中。但事实真的如此吗？从自我实现预言的角度来看，如果我们这样想，它就很可能成真，因为我们可能会因此而放弃行动，不去改变现状。客观来看，这种想法于事无补，只会限制我们的行动。

我们不妨这样想：目前的情况对我来说非常困难，但是，我有两个选择，要么现在就学会与现状共存、接受它，要么就让那个寄生虫来决定我未来的生活。我要对我的未来负责，而不是那些寄生虫。尽管目前情况并不乐观，但我总有一天会走出失落的阴影，这是完全有可能的。

第二个问题：如果好朋友遇到了类似的情况，我会给什么建议？

说来也怪，我们总是更理解别人，也有更好的主意。想想你会建议好朋友怎么做，你就能与自己保持一定的距离，也可以说是退一步，与自己的问题拉开距离了。从这个距离中，你往往能找到好的建议。你也应该做自己的好朋友，向自己推荐那些会推荐别人做的事。

第三个问题：其他人在这样的处境下会怎么想？

这也能让我们与自己保持距离。有时我们知道，如果问自己的朋友，他们会怎么想、怎么说？他们此时不在身边，我们也可以问问自己这个问题。

第四个问题：我曾经战胜过艰难的处境吗？

有时，当我们在危机中被自己的感觉打倒时，并没有意识到我们有很多资源可以用来解决问题。想想你已经克服了哪些困难，发现了自己的哪些优势，同时思考你是如何做到的？

第五个问题：什么能在这种处境下给予我勇气和安全感呢？

也许可以找一位好朋友倾诉，也许可以做一些让自己开心的事，这样能让我们的情绪稳定下来，然后继续思考。我们可以问问自己：在这种情况下，能给我勇气和安全感的是什么？我可以专心做什么吗？我心灰意冷时有什么东西曾经帮助过我，以及我能找到一个象征物品吗？也许你会想到一块石头、一个贝壳、一块木头或其他完全不同的东西。然后，你可以把这个东西放在你待得最久的房间中的明显位置，或者随身携带，提醒自己坚强。

第3章 走出障碍性思维的恶性循环

第六个问题：明天、一个月或一年后，我会如何看待这种处境？

我们都经历过困境，生活不可能一帆风顺，没有起伏。不时反思一下过去这些情况是如何处理的，会对我们有所帮助。这样我们就会意识到，有些情况并没有我们当时想象的那么糟糕。所以，在当下的危机中，将自己的思维传送到未来，想想等到时过境迁时我们会对此有何感想。如果以后会认为情况并不那么悲惨，那我们为何不现在就这样想呢？这会帮我们减少很多负面情绪。在危机之外的情境中，我们也应该节省体力，更有目的地应对问题。

如果你正承受非常大的压力，想一下你是否认识经历过同样情况的人，这也可能对你有所帮助。看到这个人能够在一段时间后重新找到生活的方向，有时会给你带来勇气。如果别人能做到，你也能做到。把这个人当作榜样，但前提是你必须认识他本人。互联网上的非个人化的自助小组有时也会有帮助，但也存在危险。你不知道谁是真正的幕后推手，也不知道参与者的兴趣所在。如果小组里只有遭受不幸的人，往往会缺乏外部的观点和视角的变化，更重要的是，通常还会缺少专业知识和有效的组织架构。

第七个问题是三连问：我的个人危机会带来什么最坏的影响？那样到底有什么不好？最坏情况发生的可能性有多大？

关于负面事件的想法往往具有威胁性，以至于我们不愿继续思考，甚至在觉得它们变得过于可怕时中断这种思考。尽管如此，这种思想寄生虫仍然存在，盘踞在某个角落，不时要求我们增加对它的关注，而我们总是试图忽略它。

下面这个例子可以说明这一点。医生告诉 D 女士她患有 II 型糖尿病，而且以她的年龄患这种病有些早。D 女士彻底崩溃了。她听说糖尿病会引发其他一些疾病，她还害怕一辈子都要注射胰岛素。除此之外，她再也无法享受进食的乐趣了。一想到自己的诊断结果，她的心情就变得很糟糕，每天都要哭几个小时，晚上只能通过转移注意力来缓解情绪。

为了探究她头脑中的障碍，并将思想寄生虫赶到它应该待的地方去，有人问她，她的个人危机最坏的潜在影响是什么。她犹豫了一下，说最糟糕的事情就是失明。她的一个远房姑姑也患有糖尿病，几年前失明了。但她根本不想去想这件事，因为她会感觉越来越糟。她想摆脱的正是这个念头，否则她会马上哭起来。

现在到了三连问的第二个问题，那样到底有什么不好？她近乎愤慨地说，非常不好。如果你失明了，你的人生基本就完了。当再次被问及失明到底有多可怕时，她想了想解释说，失明很可怕，但也不是世界末日。她可能会学会面对，毕竟其他人已经做到了。事实上，她的姨妈就做得很好，而且大多数时候姨妈过得很开心。因此她得出结论，虽然失明并不好，但肯定是可以应对的。

第 3 章　走出障碍性思维的恶性循环

第三个问题是，她失明的可能性有多大。她得出的结论是，这种可能性很小。如今有很多方法可以治疗糖尿病，她必须更加仔细地分析自己的疾病。也许她可以从减肥和注重饮食开始，毕竟吃得健康并不意味着失去进食的乐趣。于是，这个思想寄生虫从她的脑海中跳了出来。有了这样的想法，她终于能够采取行动了。她深入研究了自己的疾病，因为她想为糖尿病患者的健康生活做出贡献。

为了改变自己在困境中的想法，深入探究这些想法是很有帮助的。通过提出有针对性的问题，我们可以清楚地看到，绝望时的想法往往不是真正有用的想法。它们给消极的幻想留下了太多的空间，而且通常与现实完全不符。新获得的距离感可以让你与这些想法保持距离，并由此得出一些有用的想法。我们能够想起自己的优点，找到安全感，并把可怕的情境分析透彻，让它们不再具有威胁性。

向那些试图掌控我们的思想寄生虫宣战，不要让它们左右我们的生活。只有这样，我们才能在危机过后保持心理稳定，继续前行。在下一章中，我们将探讨如果思想寄生虫始终不肯离去，我们该怎么办。

第4章

逃离反刍之笼

反刍就像摇摆。在移动,却没有任何进步。

——佚名

我是在反刍，还是在思考

对过去和未来进行思考，是人类的核心能力之一。没有这些思考，可能就没有进步，我们的生活中也就不会有暖气、冰箱、汽车、飞机等新物品。我们向过去学习，以便准备好迎接未来。我们每个人都希望了解世界、他人和自己的行为，这让我们感觉自己能够掌控一切，能够把未来握在手中。对方向和控制的需求是我们的基本心理需求之一，而自我反思能力则是我们从过往的错误中吸取教训、从成功中总结经验的重要前提。

因为我们想要了解事物之间的联系，了解事情发生的原因，所以在日常生活中为了解释过去发生的事，我们都会问自己很多问题。特别在个人危机中，当我们的根基被动摇时，我们想知道事情发生的原因。为什么会这样？我为什么要那么做？事情怎么会发展到这一步？我本可以做出不同的反应吗？

而其他一些问题与未来有关，无论是否身处危机，这些问题都会引起我们的极大关注。如何才能确保气候得到改善？我将来想做什么？如果我失业了怎么办？如果我的丈夫离开我怎么办？如果我考试不及格怎么办？在当今社会，倘若一个人不考虑明天可能出现的情况，那他就没有做到未雨绸缪。然而，有时候，我们的思绪会驱使我们走得太远，过度沉浸在对过去的懊悔或对未来的担忧之中，以至于我们看似活在思考里，却忽略了当下的现实生活。尤其在个人危机来临时，当我们对方向和控制的基本需求被动摇时，我们就会面临特别大的挑战。

在危机中询问"为什么"

危机援助员们常常会听到很多类似的问题：飞机怎么会坠毁呢？是技术缺陷还是人为失误？另一位司机为什么没看到红灯？火灾是如何发生的？火车出轨的原因是什么？为什么恰巧刚刚会发生地震？谁该为此负责？为什么偏偏会发生在我身上？未来还会发生什么？我们的大脑需要为事情找到解释，以此来掌握控制权并冷静下来。

受影响的人往往想知道到底发生了什么。这既包括一般性问题，比如是技术缺陷还是人为失误；也包括个人问题，这类问题通常涉及亲属，例如：他当时坐在哪里？谁坐在他旁边？坠机前他是否播放了电影？他还有食物吗？曾经有一位失去亲人的女士，她的哥哥乘坐的一架小型飞机坠毁了。在我担任危机援助员期间,她要求我保证她能乘坐与哥哥同型号的飞机,在相同的时间、相同的机场起飞,如果可能的话,最好在相同的天气状况下、沿着相同的航线飞行。对她来说,能够准确地回溯她哥哥最后的几小时和几秒钟是非常重要的。

在其他个人危机中,我们也会反复问自己这样的问题:我为什么会突然得癌症?我为什么偏偏嫁给了这个男人?为什么我的老板要解雇我?为什么这种事总是发生在我身上?为什么偏偏是我?我为什么会有这样的反应?为什么我一直在忍受?

我们强烈需要重新获得控制权。如果事情不能控制,没有方向,我们就会感到无助。当我们得到了这些问题的答案时,那种无能为力的感觉便会消散。发生的事、这个世界和其他人又变得可以理解了,我们会感觉自己在回归巢穴的路上又迈进了一步。

但是,无论我们如何努力,并不是每个问题都能找到答案。尽管如此,我们的大脑却常常会继续寻找解决方案和答案。我们希望了解所经历的一切,能够将其归类,或许还要赋予其意义。因此,我们围绕着同样的问题不停地思索,希望最终能够找到答案。就这样,思考偷偷地变成了反刍,过去就这样主宰了我们的现在。

第 4 章　逃离反刍之笼

什么叫反刍

我们每个人或多或少都会反刍。有些人主要在晚上反刍。我们都会在睡眠周期中醒来好几次，但大多数人意识不到这一点，很快便又接着入睡了。但对有些人来说，他们一旦醒来就开始冥思苦想。我们遇到的问题在晚上会显得尤其严重，这是为什么呢？首先，夜晚缺乏变化。其次，我们会陷入情绪低谷，也可以称之为"小抑郁。"这是因为我们的身体在这个时候会释放出更多的褪黑素。虽然这种荷尔蒙有助于入睡，但也会影响情绪。如果我们在褪黑素水平特别高的时候醒来，就会觉得问题特别严重。

有些人白天也会反刍。如果我们花太多时间反刍，就会出现问题。很多人一连几个小时都在反刍，起初甚至完全没有意识到自己花了多少时间在这上面。当我问出"你是在反刍还是在思考"这个问题时，我一开始会得到人们困惑的表情。区别在哪里？有区别吗？难道不是一回事吗？不，是有区别的。反刍的专业术语是"rumination。"这个词来自拉丁语"ruminare"，意思是"再咀嚼。"用这个词来比喻我们脑子里发生的事情再恰当不过了。就像牛肚子里的草从一个胃转移到另一个胃，一次又一次地反刍，在这个过程中草变得越来越黏稠，我们脑子里的想法也变得越来越黏稠，我们对本质的认识越来越模糊。想了又想，却什么也没发生。最后，一切似乎只是被咀嚼了好几遍。

德语术语"Grübeln"在词源学上指"不知疲倦地挖掘"或"四处摸索。"挖掘本身并不是一件坏事。如果我们想种一棵苹果树，必须在地上挖一个洞，把根球放进洞里，然后再把土填进洞里。当洞足够大时，我们就停止挖掘，这就足够了。但是，如果我们不停地挖，洞就会越来越大，以至于树都要消失在洞里了。如果我们还继续挖，那就违背了挖洞的初衷。

关于反刍的研究

自20世纪90年代初以来，人们开始特别关注有关反刍的研究。两位美国心理学家索尼娅·柳博米尔斯基（Sonja Lyubomirsky）和苏姗·诺伦-霍克西玛（Susan Nolen-Hoeksema）及其研究小组在这一领域处于领先地位。在研究初期，人们认为反刍是抑郁症等精神疾病的伴随症状。如今，我们知道，它是一种独立的现象。甚至有研究证明，经常胡思乱想的人患精神疾病的风险更高。我们都有过反刍的经历，耿耿于怀并不能改善我们的情绪，相反会让我们的心情越来越糟。

一些科学研究已经证明了这一点。由此可见，反刍会延长情绪低落的时间，甚至会加重抑郁程度。一项针对1000多名成年人的研究表明，那些有抑郁症状并容易反刍的人，一年后抑郁症状会加重，有些人还患上了焦虑症。

第 4 章 逃离反刍之笼

反刍也会让我们对未来失去信心。例如，在一项研究中表明，容易反刍的人在心情不好时，会对自己的生活做出相当悲观的预测。他们认为自己在未来经历的积极的事会更少，并认为自己的生活很可能不会变得特别好。

还有许多研究表明，反刍对解决问题也没有真正的帮助。例如，其中一项研究显示，容易反刍的参与者在完成需要思维灵活性的任务时表现较差。此外，他们的整体速度也较慢。这说明反刍会占用注意力，而将注意力放在解决任务上显然会更好。

如果反刍阻碍了我们在重要时刻的行动，那么会很危险。一项研究调查了乳腺癌患者在发现自己乳房变化后的就医速度，结果发现有过度反刍倾向的女士看医生的时间比不反刍的女士晚，平均延迟时间为一个半月。这种疾病的治疗开始时间对康复概率有很大影响，在这种情况下反刍的后果是致命的。

反刍也会影响我们处理压力的方式。与没有反刍行为的人相比，曾经照顾过患有痴呆症的亲属、并在他们去世后反刍更多的人，他们的日子更难过。这些人抑郁的概率更高，他们说有更大的压力，孤独感也更强。

一项非常有趣的研究表明，反刍也会损害我们应对糟糕经历的能力。1989 年，心理学家苏姗·诺伦－霍克西玛和詹奈·莫洛

（Jannay Morrow）在旧金山地震发生的十四天前，随机向137名学生发放了调查问卷。这些问卷包含了情绪、抑郁、解决问题的能力以及他们的反刍倾向等问题。在地震发生十天和七周后，这些学生再次收到了不同的问卷。

研究结果表明，反刍对人们应对糟糕经历有着不利影响。地震发生七周后，反刍者出现了更多的抑郁症状或创伤后应激障碍症状。这与他们是否在地震前就出现了抑郁症状无关，也与他们本身受到地震影响的程度（比如是否失去住所）无关。反刍的人会更频繁地回想地震发生的那一刻，想象还可能发生什么事情，并且总是惦记着自己的感受和周围人受到的伤害。

相反，那些在地震前比其他人的情况更糟，但在地震后没有反刍的人，出现的应激症状较少。他们更倾向于积极尝试改变自己的情绪，以应对这次突发状况。我们能否克服创伤性经历，在很大程度上取决于我们如何对待它。积极寻找解决方案会有所帮助。

正如所有研究表明的那样，反刍对我们如何面对个人困境以及如何处理这些困境有重大影响，而这一切又取决于我们自身的思维模式。

反刍是如何开始的

我们最初是如何开始反刍的？我们为什么会反刍？就算对现实

第 4 章　逃离反刍之笼

没有帮助,我们为什么还会反复咀嚼同样的想法?最开始时,这通常是无害的。我们想知道问题的答案,想知道事情发生的原因;我们想了解这个世界,想重新找到方向。这就是为什么我们大量思考问题、追问"为什么"的益处,因为这有可能让我们更接近问题的解决之道。面对现实状况,我们也做了一些事情,我们在思考,仅思考这件事就能让我们找回一些控制感。这让我们感到些许宽慰,毕竟思考是一件积极的事情。

然而,遗憾的是,愿望并非总能实现,很多时候我们找不到答案,但仍觉得只要更加努力,最终就能找到答案。于是,我们花费更多精力,思考得越来越深入。可结果却是:想得越多,离预期的目标反而越远,就这样,反刍的循环开始了。随之而来的还有其他的烦恼。我们不仅会思考实际存在的问题,还会更多地思考自身:"为什么我想了这么多还是想不出解决办法?为什么我这么无能?"我们更加努力地尝试,但仍然找不到解决方案。但放弃不是办法。我们不会逃避问题!总归要做点什么,我们相信这一点很重要,这样才能给我们带来积极主动和掌控一切的感觉。

但是,整个过程突然开始动摇。第一个疑虑出现了:也许我们正在做的事情并不是那么有用。我们不知道自己到底是在思考还是在反刍,整个过程的有效性受到了质疑。我们还担心反刍是否有害,我们是否会生病。我们甚至会问自己,是否正在慢慢疯掉。这些新的困扰接踵而至。我们意识到，自己的身体状况越来越差，晚上无法入睡，整日疲惫不堪，无法集中精力。所谓的控制感变成了越来越强烈的无助感。突然间，我们发现自己陷入了反刍的牢笼。一方面认为继续思考问题是件好事，也很重要，另一方面又意识到这样做毫无意义，起不到任何作用。

然而，尽管我们意识到了这一点，却无法轻易停止反刍。我们不知道反刍是好是坏，而且还认为如果停止反刍，就是没有尝试去改变现状，就是在向命运低头。于是，我们不断地重复着相同的想法。反刍强化了原本想要阻止的事情，我们想要控制，却变得更加无助。于是，我们试图压制这些想法。但正如你已经了解到的那样，这行不通，想想那匹绿马。更让人头疼的新问题又来了，我们感到自己无法停止反刍，不再是思想的主人。反刍接管了一切，而我们则把方向盘拱手让出。

本章开头的那句话——"反刍就像摇摆，在移动，却没有任何进步"很好地概括了反刍时发生的事情。这就像在荡秋千，做了些什么，也的确在运动，也误以为会对克服困难有帮助，但不知为什么就是没有任何进展。这秋千像是一台永动机，一旦荡了起来，它就会不停地荡，永不停歇。我们越来越觉得自己被想法所左右。于是，原本无害的思考最终演变成了一种错误的思维方式。我们以为这样思考会有帮助，以为是在积极解决问题，但最终却陷入了被动，因为反刍就是被动的。

就这样，反刍带来持续的不安全感。我们想要知道的事情和实际知道的事情之间，差距似乎越来越大。此外，当我们反刍时，我们的思维也会发生变化。它从一个具体的问题开始，变得越来越抽象。但我们的思考到底错在哪里？我们能做得更好吗？

思考与反刍的区别

现在又回到了上面那个尚未被解答的问题，你是在反刍还是在思考？思考和反刍有什么区别？下面的例子应该能让我们离答案更近。

T女士在一家新的公司开始了工作。因为她不喜欢开车，所以她总是坐火车上班。她也有一辆小汽车，但只用于短距离行程。在圣诞晚会上，她是唯一除了一杯气泡酒之外没有喝任何酒的人。因此她的老板在派对结束时问她，是否可以开他的车送他回家。她可以接着把车开回自己的住处，第二天再开回公司。T女士犹豫了一下，同意了。她把老板送回家后，继续驾驶。由于这辆车的马力比她自己的车大得多，她稍微试了试车的加速度。而当她试图刹车时，车轮却开始打滑，汽车飞了出去，冲到了人行道上。当时，一名男子正在人行道上遛狗，狗当场死亡，该男子受了轻伤，他被送到了医院，一天之后才出院。T女士非常幸运，身体没有大碍。然而，她心理上却发生了很大变化。

T女士不得不请病假。她的丈夫打电话告诉T女士的老板，她需要请假，而且他的车被彻底撞坏了。T女士非常自责，她整天都在想怎么会发生这样的事。她的思绪只围着这样一些问题打转："我当时为什么要加速？我本可以不加速继续开的，就像开到我老板家时那样。我抽了什么风？为什么我一开始同意开车？我为什么不拒绝？可怜的狗和可怜的男人。如果我没开那辆车，这一切都不会发生。我以后还能坐在车里吗？当我的同事知道了这件事，我该有多尴尬啊。我不敢再被他们瞧见了。他们会怎么看我？"几个星期以来，T女士跟她的丈夫也只谈论这个话题，别的事情她一概不想，一概不谈。

这种思维方式是否有助于我们找到解决方案或是采取行动呢？当然不是。当我们反刍时，我们给自己提了错误的问题。严格来说，我们有必要明确区分反刍和忧虑这两个概念。反刍关注的是过去，处理的是已经发生的事情。当我们反刍时，我们希望对过去的事情做出解释。反刍时的语句通常以"为什么"开头，或者使用虚拟语气。常见的形式如："也许是因为……或者是因为……"与此同时，伴随反刍而产生的情绪通常是悲伤。

而忧虑是针对未来，处理的是对未来的恐惧。我们希望用思考未来的方式武装自己，以应对可能出现的危险。相关语句通常以"如果……"开头,这是在猜想,伴随的情感通常是恐惧。对许多人来说,生活似乎总是在虚拟语气的情境中展开。不过,简单起见,下文不区分反刍和忧虑,这两种情况都用反刍一词来指代。

重要的是我们要意识到,反刍不是思考。反刍时,思维的核心是问题本身,而思考时,思维的核心则是问题的解决!反刍是抽象的、笼统的,思考则与具体的解决方法相关,并导向行动。当我们反刍时,常常觉得自己是积极的,毕竟大脑在运转。然而,从行为层面来看,我们仍然是被动的。仅仅是大脑在工作,我们其实并没有真正投入到解决问题的行动中。此外,大脑会通过反刍来自我堵塞。正如上文所述,反刍会削弱我们实际解决问题的能力。这是因为反刍发生在大脑的工作记忆中,这一记忆区域的容量并不大。一旦这一区域的工作受到阻碍,我们解决问题的能力就会下降。

当然,两者也有重叠的地方,我们并不那么容易分辨出自己是在反刍还是在思考。那么,该如何判断我们是在反刍还是在思考呢?两分钟法则在这里可以派上用场。

> **练习:两分钟法则**
>
> 下一次,当你发现自己在反刍,或者不确定自己是在反刍还是在思考时,不妨做下面这个小练习:观察自己的想法,

就如同由外向内观察自己一样。这样观察两分钟，两分钟后问自己以下问题：

- 寻找解释能让我前进吗？
- 我是否明白了一些以前不清楚的事情？
- 我的思考对我有帮助吗？我找到解决方案了吗？
- 我感觉好些了吗？我的情绪是否比开始有这些想法之前变得更加积极呢？

如果回答是否定的，那么很可能你正在反刍！最好继续观察自己一段时间，然后进行分析和总结。问自己以下问题：是什么引发了我的反刍？这种反刍状态是什么时候开始出现的？我希望从中得到什么？在这个过程中，我有没有注意到事情消极的一面呢？如果有，那么我为此付出的代价又是什么呢？在反刍时进行自我观察是有益的，主要有两个原因：其一是你会更快地意识到自己在反刍；另一个原因是，你会更好地了解到，什么情况下以及在什么时候你会进行反刍。

逃离反刍

走出反刍的牢笼1：请思考

不妨问问自己下面的问题，你的想法是否会让你离解决问题的

第 4 章 逃离反刍之笼

办法更近一些？是否会让你的情绪朝着更积极的方向转变？当然不会。反刍思维并不能解决问题，更有意义的做法是问一些能导向行动的问题。这些问题的疑问词通常是"怎么"或"什么"，并伴随着积极的动词，如"做""做成"或"实现。"我该怎么做才能改正错误？我怎样才能克服事故带来的心理创伤？我怎样才能确保不陷入财务困境？

回答了这些问题，你就更有可能重新获得控制权。当你采取行动时，当你能有所作为时，你就重新握住了方向盘。这就是为什么在危机发生时要朝这个方向看。我自己能做什么？向他人寻求帮助也是一个积极的过程。这能让你重新获得控制权，从而重获自我效能感。对有些人来说，当他们真正开始思考时，反刍就会停止。对大多数人来说，意识到两者的区别就已经有所助益了，他们从现在开始会问自己其他以目标为导向的问题。

但我们即使思考了，也并不总有解决办法，并不是每个问题都有令人满意的答案。有时我们会发现某些问题属于哲学范畴，而即使伟大的哲学家，也不一定能够回答。为什么会发生自然灾害？为什么这种情况能发生？为什么人类还没有战胜癌症？此时，彻底接纳又能帮上忙了。接纳"我们无法解释一切"的事实，会让我们的心灵平静下来。

我们还必须时不时地忍受不确定性，有些事情没有明确的解释。事实不仅有黑白之分,还有深浅之别。它可能是这样,也可能完全不同。在心理学中,对模棱两可的情况的容忍被称为"模糊容忍度。"有些人无法接受"并非所有事情都有明确的答案"这个事实。他们会寻找具体的解释,如果找不到,则会固守一些荒唐的解释。这甚至会让人陷入阴谋论。冠状病毒大流行就是一个例子,可以说明我们的模糊容忍度有多么不同。

但我们即使接受模糊容忍度,永动机有时也无法停止。它运转得太快,而我们却找不到出路。这时,下一个策略就会有所帮助。

走出反刍的牢笼 2:给自己限定时间

有的人花了很多时间反刍,这些时间与成果不成正比。而且,反刍通常都是没有结果的,失去的时间可以做很多更好的事情。L女士回到家后,便立刻开始反刍工作中的困难,她甚至没有意识到自己花了多少时间在这上面。这让她愈加疲惫,几乎无暇顾及其他事情。

推迟反刍可能会有帮助,总之都是同样的想法,你也不会错过什么。这样你就能把反刍从自动驾驶模式切换到有意识的行动。与自己约定一个"反刍时间。"如果你担心忘记想要反刍的内容,那就记在小纸条上。把时间固定下来,例如"每天傍晚 6:00 至 6:30,我想就某个话题进行反刍。"这个时间不应该是临睡前或重要活动开始前。反刍后你可以去做美好的或重要的事情。如果你错过了"反刍时间",也许就是有比反刍更重要的事情。但请不要弥补,第二天你在约定的时间照样可以反刍。

你是那种在反刍时间之外从不忘记反刍的人吗?你的"永动机"总是会重新加速起来吗?下面的策略或许可以帮到你。

走出反刍的牢笼 3:把注意力集中于外部

反刍是向内的,我们注意力的聚光灯锈迹斑斑,只照着脑子里的一个问题。这个问题的想法取得了垄断地位,其他一切都处于阴影之中,不再被看见。如前文所述,很多人有这样的印象:他们再也无法控制自己的思想。他们说自己已经无法左右头脑中的摇摆,聚光灯一个劲儿地照着他们的问题。K先生说,自从他知道自己得不到管理岗位后,脑子就一直在转。他不停地问自己哪里出了问题。几乎无法思考其他事情,也无法应对工作。

很多人都希望有一种药能让自己不再彷徨。这就引出了一个问题:你真的夜以继日地反刍吗?当你与同事共进午餐时,你在想什么?当你运动的时候呢?当你要做演讲时,你又在想什么?在回答这些问题时,大多数人会意识到,在这些情况下他们根本不会反刍。当你的注意力向外集中时,反刍就会被打断。你成了魔术师,再次拥有控制自己思想的力量。

分散注意，是一种将注意力向外集中的方法，你可以有意识地运用该方法，试着分散自己的注意力，把注意力集中在其他事情上。"分散自己的注意力？"有人惊恐地问，"那不是在逃避问题吗？"不，如果你在24小时后再分散自己的注意力，那就不是逃避问题。正如你已经知道的，你通过反刍找不到任何解决办法。这就是为什么要给你的注意力聚光灯除锈，把它转向一边，让它照亮其他事情这会对你有帮助。

这并不是说要随随便便地分散自己的注意力。相反，其目的是让你明白，你有能力主动切断反刍——哪怕只是短时间切断。这种小小的分心可以释放你的工作记忆，为其他想法腾出空间。当然，这也取决于你用什么方法来分散注意力。众所周知，酒精、毒品和暴饮暴食都并非有用的方法。

那什么方法有用呢？如果你遭到了反刍的攻击，被动地屈服于它，那么你应该主动起来。用一句当机立断地"马上停止"，把它驱赶到它的位置，而后积极地做一些事情。你可以锻炼身体、散步、做运动、修剪草坪或跳舞，也可以通过听音乐、自己制作音乐、唱歌或与朋友通电话来分散注意力。你还可以简单地做任何能让你不反刍的事情。发挥创意，有很多可能性，找到最适合你的方式。

注意力训练，是另一种将自己的注意力向外集中的方法。它来

第 4 章 逃离反刍之笼

自元认知疗法。这不是一种转移或回避的练习,其目的是(重新)学会根据意愿控制自己的注意力。你应该定期进行这项训练,但不是在陷入反刍的时候。训练时要有意识地将注意力集中在周围的声音上,理想情况下你应该感知到六种声音。这项练习并不像乍看起来那么容易,也许你想试一试?那就试试吧!

练习:注意力聚光灯"竖起耳朵"

请把注意力集中到不同的声音上,你在房间里能听到的声音(如滴答作响的钟表声)、建筑内的声音(如其他住户的声音)、外面的声音(如过往车辆的声音)。将注意力集中在每种声音上大约 30 秒,5 分钟后完成这部分练习。

然后更快地在各种声音之间来回切换,从钟声到人声,再到过往车辆声,然后再切换回来。每种声音停留约 10 秒钟,过一会儿再停留 5 秒钟,同样练习大约 5 分钟。

最后是所谓的"分散的注意力。"请试着在同一时间听到尽可能多的声音,包括房间内、建筑内和屋外的声音,练习大约两分钟。

元认知疗法的创始人阿德里安·威尔斯(Adrian Wells)建议定期进行这种练习,大约每天两次。科学研究表明,每

> 天坚持练习对摆脱反刍有着深远的影响。可以说这是一种心理健身训练，等于在给你的注意力聚光灯除锈。你可以在任何地方练习，在路上、在火车上，或在办公室里。如果你想在家里练习，也可以制造一些额外的噪音：在附近放一个滴答作响的钟表、打开洗碗机。这个练习将帮助你重新获得按意愿引导注意力的能力，让你重新掌控自己的思维。我们将在下一章中看到，大脑就像一块肌肉，人们可以训练它。这意味着你可以重新成为自己思想的主人。

走出反刍的牢笼 4：与自己的想法保持距离

在我看来，最有用的策略之一就是与自己的想法保持距离。我们和我们的想法是同义词吗？有些人给大家的印象是，他们几乎与自己的想法融为一体。你每天脑海里会冒出多少个想法？昨天的想法有多少？其中有多少是消极的？昨天那些曾经出现过的想法，现在又都去了哪里呢？

其实，想法大多是转瞬即逝的。它们就如同夜间的影子，一闪而过，难以长久留存。那么，究竟是什么原因，使得有些想法会在我们的脑海中挥之不去呢？我们的思维是不是也应该有一种类似于"垃圾处理"的机制，来处理那些不断产生的想法呢？我们每天产生

第 4 章 逃离反刍之笼

的想法究竟有多少，其中又是否存在一些多余、不必要的想法呢？

每天大约有 3000 个复杂的想法在我们脑海中闪过。当一天结束时，它们在哪里？对大多数人来说，其中的百分之一尚存，也就是 30 个想法。其余的就像今天早上的洗澡水一样消失了。你还记得哪些？为什么记住了这些？能留在我们脑海中的，都是我们认为重要的、有意义的想法。一个想法只有经历了能动的过程才会保留在脑海中。

我们认为许多想法不仅是重要的，而且是正确和真实的。但它们果真如此吗？正如上一章节所述，事实并非如此。我们自己创造了部分现实，注意力是有选择性的，我们也会被欺骗。甚至对自己想法的思考也并不总是正确的。那么，为什么我们常常把自己和自己的想法（太）当真呢？

元认知疗法中有一种非常有效的技术叫作"超脱正念"（detached mindfulness），也可以翻译成"解离正念。"然而，这种"正念"与我们熟悉的正念练习毫无关系。这里所谓的"正念"，就是保持一定的距离来观察自己的想法，从一个旁观者的角度来看待自己的体验。在上一章"思维误区"中我们谈到，想想你会建议好朋友怎么做。这可以让你从自己的想法中后退一步，这种方法在元认知疗法中得到了强化。

尤其在危机中，我们不时地从外部审视自己和自己的想法，以一种超脱的方式转变视角，这对我们会很有帮助。想象你是自己的朋友，从旁人的角度审视你的想法。或者你站在阳台上，想象自己坐在花园里，俯视自己的想法。或者你攀爬到高处，从鹰眼的视角，坐在飞机上，从高空俯瞰自己和自己的想法。你找到一种最适合的方式从外部审视你的想法。它们只是想法而已，而后你就可以运用各种策略了。

想法 vs 行动。证明我们的想法并非总是正确的很简单。看看你房间的门，想象一只鹦鹉将在下一分钟飞过这扇门。然后数到60，发生了什么？或者走到门前，想象门关着，我打不开，然后打开门。想法和行动，哪个更有用？躬行实践胜过空想。

想法并非事实。另一种能与想法拉开距离的方法是语言。它来自接受–介入疗法，这也是行为疗法的一部分。请做下面这个实验。找一个时常困扰你的句子，先从日常用语开始。例如，你可能会想"我没有吸引力"，然后问自己："当我说这句话时，我现在的情况怎么样？我感觉如何？"

接着，换一种表述方式，你可以这样说："我有一个想法，即我没有吸引力。"这时候，你再感受一下，是不是有不一样的感觉呢？你有没有注意到前后两种表述之间的区别？你能察觉到自己是怎样与这种"我没有吸引力"的想法保持一定距离的吗？其实，它

第 4 章 逃离反刍之笼

仅仅只是一个想法而已。

再比如，对比一下"我永远无法克服它"和"我有这样一个想法，即我永远无法克服它"这两种说法。此外，我们也可以不使用"我的想法是……"这种表述，而换成"有一个想法是……。"尝试着用这样的方式去对待那些让你感到困扰、有问题的想法，慢慢地，你就会发现其中的不同之处。

词语仅仅是词语。有时信号词会对我们产生强烈的影响，并引发身体反应。个别词语会引导我们的思想。例如，W 太太的丈夫曾患中风，幸运的是他渡过了难关。医院的治疗很成功，他重获了健康和活力。但没过多久，W 太太也因为（误诊的）中风住进了医院。几天后的结果显示，诊断是完全错误的。然而，她在医院的糟糕体验导致即使是"中风"这个词语，也会引发她极端的生理反应和反刍。甚至在听到这个词的几个小时后，她仍会感到不舒服。例如，某天一个熟人打电话告诉她他中风了。当她听到"中风"这个词时，她便难以继续谈话，而且一整天都感觉不舒服。她感觉这个词一直伴随着她，无论是在电视上、报纸上，还是与朋友在一起时。

我请她一遍又一遍地大声说出"中风"这个词，随后请她看了一个演示文稿，文稿中也反复出现"中风"一词。我要求她把这个词读几遍，她的第一反应很激烈，几乎不敢看。但稍后她感到越来越容易了，最后非常平静地说："'中风'不过是一个词而已。"她还用不同的语调和情绪念出了这个词，甚至越来越喜欢"摆弄"它。后来她想到在公寓里贴满写有这个词的纸条，每当看到纸条时就大声读出来。她的丈夫也开始喜欢上了这种练习，每当他从她身边走过时，就会在她耳边轻声念"中风。"最后他们俩听到这个词时都笑了。

你可以用你反刍和感到不舒服的单个词（打针、失业）来做这个练习，也可以用整个句子（我很无能、我永远无法克服它）来进行练习。你注意到这些单词或短语的威胁是如何减弱的吗？

把你的想法当作一个爱哭闹的孩子。你的孩子是否曾因为很想要收银台边的一种糖果，而在超市里大哭大闹？在销售术语中，这类商品被称为"哭闹商品。"当你的孩子正好属于目标群体，而且真的因为想要糖果而哭闹不停，你该如何对待他呢？你会如他所愿吗？即使你已经说过不会买，并且要他停止哭闹。希望你不会因为哭闹而妥协，因为那样你就输了。这样孩子就会知道哭闹有用，下次会变本加厉。那你应该怎么做呢？在告诉孩子他不会得到甜食后，充满爱意地忽略他的哭闹，并且不再继续谈论这个话题。孩子一开始可能会抱怨，但随后就会停止。如果不能引起你的注意，一味地哭闹是很无趣的。

哦，这本书现在变成一本育儿指南了吗？当然不是。自然也会

第 4 章 逃离反刍之笼

有人说，在任何情况下，你都不应该忽视一个哭闹的孩子。但与我们的主题——反刍联系起来看，应该怎么做呢？不要理会你痛苦的想法，也就是什么都不做。这点人人都能做到。对有些人来说，把自己的想法当成哭闹的孩子会有所帮助。但要注意：不要压制你的想法。你还记得绿马吧？顺便一提，它现在还穿了件红色紧身衣。但现在别去想它！

送走你的想法。如上所述，我们每天有成千上万个想法，但我们并不会被所有的想法绊住，相反，我们会忘记其中的大部分。为什么不干脆把那些让你反刍的想法打包送走呢？它们不一定非得留在你身边。换换空气，这不仅对你有好处，也可以帮助你思考。请和让你反刍的想法分道而行。试试看，以下哪个想象最适合你。

气球——B 女士把自己的想法想象成鼓鼓的彩色气球。她先用一根长绳把气球系在手中，然后放开气球，看着它慢慢升上天空，越飞越高。

云——许多人喜欢把自己的想法想象成云。这些想法就像在天空中飘浮的云朵，它们来了，但又会自己飘走。

飞机——把拥有某种想法想象成登上一架飞机，对很多人来说也很有帮助。你走过许多登机口，而只在通往目的地的登机口停留。

河中的树叶——你不一定要飞到空中，也可以停留在地面上。有一个著名的练习叫作"河中的树叶。"想象你正看着一条河，河上漂浮着一些树叶。把你的忧思附着在树叶上，让它们随之漂流。它们漂得很远，一直顺着河流流入大海。

打包送走——对有些人来说，直接做些具体的事会有帮助。E女士在研讨会第一天的晚上写下了自己的想法，并把它放进了一个盒子里。第二天早上，她很难为情地说："我吐了一口唾沫，说：滚吧，你们这些蠢货。"然后，她把盒子盖紧，放进了地下室。她说那天晚上是她许久以来第一次睡得这么香。

走出反刍的牢笼5：积极地解决你的问题

有时，真正的冲突隐藏在想法的背后。正如我们所看到的，反刍无助于问题的解决。上述技巧可以帮助你厘清思路，从而重新清晰地思考问题。有些想法其实并不重要，它们会一去不复返。但如果这些想法背后真的存在问题，你就应该用清晰的思维去解决，而不是反刍。毕竟，你不是一头牛！如果你靠单打独斗无法解决，那就寻求支持。

如果利用两分钟法则，你发现自己正在反刍，并想停止反刍，请从上述策略中选择两到三种，测试一下哪种方法对你最有帮助，并将它们记录在下面的表格中。但请你不要轻易放弃，看到改善是需要一些时间的。一种新的语言也不是一日之内就能学会的。

第 4 章　逃离反刍之笼

♥ 我尝试过哪些策略

- _____
- _____
- _____
- _____
- _____
- _____

♥ 它们在什么地方帮到了我

- _____
- _____
- _____
- _____
- _____
- _____

♥ 未来,我会更多采取这些策略

- ■ _____
- ■ _____
- ■ _____
- ■ _____
- ■ _____
- ■ _____

♥ 我会在何时使用这些策略,有多频繁

- ■ _____
- ■ _____
- ■ _____
- ■ _____
- ■ _____
- ■ _____

然后，观察自己反刍时的内心活动，有针对性地找出解决办法。

♥ 需要解决的问题	♥ 解决办法
■ 为什么	■ 怎样做
■ _____	■ _____
■ _____	■ _____
■ _____	■ _____

第5章

危机中的情绪处理

有多少感情,就有多少痛苦。

——意大利画家 列奥纳多·达·芬奇

情绪过多

危机会唤起截然不同的情绪。在大多数情况下，我们所感知到的东西是相当分散的。我们会感到不愉快，并容易产生不安全感。我们已经忘记，甚至压根没有学会过如何描述自己的感受。这些感受通常会神不知、鬼不觉地在我们的内心深处徘徊。我们经常无法说出不愉快情绪的具体名称，完全不想拥有它们，也不想长时间面对它们。想想我们获得快乐和规避不快的基本需求吧。

很多人倾向于把情绪描述为一种生理反应，他们觉得这比描述情绪本身更容易。他们会说"胃部有压迫感""颤抖、头晕和烦躁不安"，等等。具体出现哪些反应取决于情绪的类型和强度，大多数反应都会让我们感到不快和痛苦。有时我们会害怕一切变得更糟，害怕自己被情绪和生理反应压垮。

这就是为什么我们常常试图忽略甚至压抑自己不愉快的情绪。

第 5 章　危机中的情绪处理

但是，如果我们把这种情绪推开，它们就会像水球一样：越是往水下推，回弹的力量就越大，甚至一不小心就会浮出水面。如果我们试图忽略不愉快的负面情绪，它们就会在不知不觉中影响我们的行为，甚至在看不到的地方偷偷决定我们的所作所为。因为不愉快的情绪就像水球一样，压下去并不会让它们消失，它们依然存在。压抑情绪也会带来很大的压力，会牵制人的注意力，导致别处的注意力缺失，从而无法注意到重要的事情。从长远来看，长期压抑着情绪还会引发抑郁症。

负面情绪会让人不适，那它们就毫无用处吗？不，恰恰相反，它们可能非常有用，甚至可以保护我们。人类之所以没有灭绝，并一直能够适应各种生活环境，负面情绪功不可没。情绪的产生不是没有原因的，也不是没有导火索的。情绪使我们能够迅速评估形势，并采取相应行动。与我们共同生活的人也应该知道，我们身上发生了什么：这就是为什么我们的许多情绪会流露出来。26 块面部肌肉中有 8 块是负责表情的，只需通过眼部和面部的一些典型表现，我们就能分辨出对方的许多情绪。例如，石器时代的人在咬了变质或有毒的水果后显露出厌恶的表情，这就向其他人发出了不要尝试的信号。如果我们露出喜悦的表情，其他人就知道此刻我们一切安好，没有糟糕的事情发生，就会很愿意待在我们周围。

我们的许多情绪也反映在身体姿势上。例如，高兴时我们往往站得笔直，身体有很强的张力。悲伤时我们会耷拉着脑袋，身体向下弯曲，肩膀下垂，并避免目光接触。说话时别人也会注意到我们的情绪，可以通过副语言交流（即声音背后的东西）来识别我们的情绪。情绪不同，我们说话的声音或低沉或响亮，或停顿或流畅。

情绪也有助于与他人沟通。无须多言，我们就能告诉周围的人自己怎么了。这通常非常实用，因为在很多情况下，我们无须大费周章地谈论自己的感受。这能够使其他人对我们进行评估，让他们清楚知晓我们的实际状况，进而明确我们的期望以及我们自身的需求。这一点在今天仍然很重要。压抑或不充分表达自己情绪的人，往往会令人困惑。因为这让我们无法确定该如何与他们相处。这就是为什么情绪是我们不可分割的一部分。

情绪也让我们了解自己的状况。消极情绪是需求未被满足的重要信号，这一点将在下面详细介绍。因此，当你发生个人危机时，要特别关注自己的情绪并说出其名称，以便积极地处理它们，这非常重要。承认不愉快的情绪并为其留出空间，这大有裨益。这些情绪即使已占据上风，并不断地纠缠你，也值得你更加专注地去审视它们。在这种情况下，调节自己的情绪会很有意义。我们稍后还将对此进行探讨。

快乐、幸福、悲伤、愤怒、暴躁、焦虑、恐惧、怜悯、孤独、抑郁——并非所有情绪都能被清晰地区分开来，有时会出现混合状态，有时则是较强情绪以较弱的形式表现出来。例如，恼怒和愤怒是暴怒的较弱表现形式，遗憾、失望、悲伤和不快是哀痛的较弱表现形式。

卧室、杏仁体和海马体

了解情绪如何产生以及在哪里产生，对我们理解它有很大帮助。这就是为什么我想首先关注情绪发生的地方，即我们的大脑——一个极其迷人的构造。它很小，只有大约1.5千克，但却是奇迹发生的地方。我们的情绪，包括爱等积极的情绪都源自大脑，而不是像许多诗歌和爱情小说中所写的爱源自我们的心。

我们的大脑远比我描述的要复杂得多。它有非常复杂的线路，这些线路就像小型齿轮一样环环相扣。执行某项任务时，并非只有一个区域参与，但总有一个区域承担主要职责，其他区域则与之并肩作战。在情绪产生的过程中，我们大脑里发生的事情就像一部令人兴奋的侦探片，在这里我将以略微简化的形式进行介绍。

简而言之，主角是一间卧室、一个杏仁体（amygdala）、一个海马体（hippocampus），以及前脑。没有人可以轻易通过卧室，只有真正重要的东西才会被传递到杏仁体。杏仁体的速度快如闪电，它确保我们的生存，并不断了解哪些情况对我们来说是危险的。它发出无数信号，帮助我们逃离、攻击或装死。海马体则会翻阅我们的记忆，看看一切是否顺利，前脑则会关注我们的目标和需求。

这或许有点太简化了，所以我更详细地描述一下，但仍然是简化版的，避免过于复杂。

杏仁体在情绪处理中起着至关重要的作用。可以说它是我们的威胁应对系统，是大脑的警报系统。"amygdala"这个词翻译过来就是"杏仁核"，就像我们许多身体部位的名称一样，它也来自希腊语。因为杏仁体和杏仁核看起来一模一样，所以杏仁核又名杏仁体。对如此重要的功能来说，这是一个非常合适的名字。严格来说，杏仁体由多个核组成，但我不想在这里大费周章，下文将只提及"杏仁体"或"杏仁核。"

大脑的第二个重要区域是丘脑（thalamus）。这个词也来自希腊语，意思是"卧室"（或"小房间"）。丘脑起着过滤器的作用，随时随地筛选来自感觉器官（如眼睛和耳朵）的信息，决定哪些对我们来说是重要的。人们说它是大脑的控制中心。

丘脑并不是真正的"卧室"，而是一个"前厅"，因为这里不是睡觉的地方，反而工作得热火朝天。丘脑就像一个守卫，坐在通往杏仁核的戒备森严的前厅里，决定哪些东西应该进入杏仁核，哪些不应该。这位坐在前厅里的守卫，知道什么事是无关紧要的。这些

第 5 章 危机中的情绪处理

东西都会远离杏仁核。但如果是重要的事,或者可能是重要的事,它就会尽快报告给杏仁核,以便杏仁核快速采取行动。丘脑的工作座右铭通常是:"宁可多报许多,也不漏报一个。"这是因为守卫不想做错事,也不想在我们因此陷入危险境地时受到责备。

例如,当我们走在大街上时,前厅的守护者丘脑通常明白,所有的汽车噪音、倾听其他人的谈话、看清每一个路标或感受我们身体的每一步,这些并不重要。它会为我们屏蔽这些信息,使我们甚至无法意识到它们。所以,丘脑的作用很多。而如果我们在外面行走时突然看到一只动物,或许是只老虎,那么丘脑不会犹豫太久。它无须仔细观察动物,就会瞬间将这一信号传递给杏仁体。

一旦杏仁体从前厅的守护者那里接收到危险可能迫在眉睫的信息,它就会通过我们的自律神经系统迅速释放出各种物质,使我们的身体变得活跃起来。我们能够马上活跃起来——要么战斗,要么逃离。例如,肝脏中的糖分储备被释放到血液中,为我们的肌肉运动注入动力,我们的瞳孔会放大,血压会升高,心脏会将肾上腺素泵入全身。没有时间可以浪费了,我们必须立即做出反应,因为对杏仁体来说,这是一个关乎生死的问题。在几毫秒内就会触发这种反应,甚至比我们想到"危险"这个词还要快。

为了安全起见,丘脑还将信息的副本转发给我们的前脑——前额叶皮层(prefrontal cortex)。前额叶皮层不仅掌管着我们当下的目标，还维系着我们至关重要的个人价值观与动机。因此，前额叶皮层会检视，我们在多大程度上对抗着正在发生的事情，它同样也会考虑前文提及过的那些基本心理需求。

与此同时，丘脑还会向海马体求助。"海马体"一词也来自希腊语，本义就是海马。这个区域之所以被称为"海马"，是因为——你猜对了——它看起来就像一只海马。这只海马非常聪明。它的任务是存储记忆，并将记忆转移到长期记忆中。这种转移需要一段时间，这就是为什么许多较新的记忆，最初还存储在海马体本身之中。海马特别善于观察背景和环境。可以说，它是根据语境来工作的。

在前面讲过的案例中，这只海马会被问到，是否见过这种动物，或者这种情况是否让它想起了什么。海马会仔细观察。当然，这比激活杏仁体的时间要长一些，但还是很快的，至少比我在这里描述的要快。如果海马注意到老虎站在一个铁栅栏后面（语境："网格"），它会将这一信息往下传递。于是杏仁体知道了，情况并不危险，便终止了这个过程。虽然我们经历了片刻的震惊，但我们得以暂时恢复平静。我们的身体也会做出"正常化"反应：心脏不再跳得那么厉害、血压回降，等等。

但是，假如海马得出结论，它实际上是一只在街上向我们走来的老虎，那么这一信息就会传递到杏仁体。杏仁体明白了，情况

第 5 章　危机中的情绪处理

真的很危险，就会加重我们的恐惧，并引发更多身体反应，使我们能够逃离或攻击。在受到老虎威胁时，杏仁体会帮助我们更好地逃脱。

不过，海马也可能得出这样的结论：那根本不是真正的动物，而是一个穿着老虎服装向我们走来的人。它还会想起来今天是"玫瑰星期一"，接着我们的情绪就会完全不同。情绪会根据具体情况、目标、需求，以及我们对"玫瑰星期一"的感受而变化。如果我们正在忙，而且不喜欢这样的装扮，那我们可能会因为被吓到而恼怒。如果我们喜欢"玫瑰星期一"，喜欢这套装扮，那就可能感到高兴。还有些时候，尤其是当我们察觉到有人在注视自己时，或许会因为被这么一套装扮吓到而感到尴尬。

如果杏仁体做出的反应快速，但不明确，大脑的其他区域就会花更多的时间来分析该情况，以便进行更准确的评估和判断。根据评估结果，我们会产生不同的情绪和反应。由此，我们的大脑会在瞬间判定，什么是生存的最佳选择。逃离，攻击，还是关闭警告信号让自己平静下来？这一切发生得如此之快，以至于我们常常意识不到。遇到危险时，我们不能浪费时间思考和权衡，必须在几毫秒内做出反应，否则老虎会比我们更快——如果那真是一只老虎的话。

顺便说一下，有一种遗传病会导致杏仁体随着时间的推移而慢慢钙化，功能越来越弱。这种疾病称为乌尔巴赫-维特综合征

111

（Urbach-Wiethesyndrom），是非常罕见的疾病。这种疾病的表现说明，我们关于杏仁体的知识是正确的。患有这种综合征的人感觉不到恐惧，因此会接二连三地闯入危险中。他们的社交行为也有问题，因为他们无法充分识别和评估交谈对象脸上的情绪。

我们的情绪有哪些功能

你的大部分情绪都是合理的，它们为你提供了你自身的信息和你的需求。这就是为什么认真识别情绪会有所助益，尤其在危机发生时。那么，接下来我们探讨情绪的功能，尤其那些在个人危机中可能占主导地位的情绪。在继续阅读之前，请你先遮住表 5–1 的右侧两栏，然后思考一下，哪种功能与哪种情绪相关联。

表 5–1　　　　　　　　各类情绪及其功能

	该情绪何时产生	该情绪有什么功能 它想对我们说什么
恐惧	面对危险、对安全感的需求受到侵犯时，我们就会产生恐惧	我们应从恐惧中得到警示，从而保护自己。我们要提高警惕，设法逃离。很多时候，我们不想面对这种状况，而是想避开它
悲伤	我们会因为失去一些弥足珍贵的东西而悲伤。失去的可能是另一个人、工作，也可能是迫不得已放弃的重要目标	这种情绪会带来一连串的反应，帮助我们接受失去的事实

续前表

	该情绪何时产生	该情绪有什么功能 它想对我们说什么
愤怒	无法实现重要的目标或受到伤害时，我们会愤怒	我们的身体正在为战斗做准备。为了实现目标，我们应该面对不公正
孤独	即将失去与同胞的联系时，我们会感到孤独。如果这不是我们有意识的选择，这种伤害可能是致命的	孤独促使我们尽快走出去，重新与人交流
内疚	觉得自己有责任、觉得自己做错了事、或违反了道德标准时，我们会内疚	内疚让我们改过自新，以免被逐出集体
羞耻	不遵守社会规则时，我们感到羞耻	羞耻敦促我们今后遵守社会规则，以免被集体抛弃

发生个人危机时，你的主导情绪是什么？

♥ 我的主导情绪	♥ 它们有什么功能？我应当做什么
■ _____	■ _____
■ _____	■ _____
■ _____	■ _____

情绪的内在诱因

并非只有外部刺激会诱发情绪，内部刺激也会诱发身体反应和情绪。我举一个最喜欢的例子，来说明我们如何仅凭想象就能引起强烈的身体反应，这个例子几乎能引起大家的共鸣。在没有任何特别说明或警告的情况下，我在研讨会上问与会者，是否还记得"曾经的老伙计"——学校的黑板？我还没问完接下来的这句："你们班上是否经常有同学用长指甲在黑板上……"大多数人就开始有反应了。他们捂住耳朵，让我别说了。然后我总是很无辜地问发生了什么，我什么也没做。

这是一个很好的例子，这个例子说明我们的想法会多么迅速地引发身体反应。我们的房间里甚至没有黑板，什么事也没发生。我只是说了两句话，其他人也只是在听我说话。顺便提一下，如果教室里不再有黑板和粉笔，只有电子白板，那这个例子就不再适用了。因为这种反应基于我们的经验，那只海马记住了我们学生时代的经历，它知道当时噪音在我们身上引发的反应。如果没有之前的经历，它就不知道这有什么不好，所以也就不会有反应。这样的话，大家可能都会疑惑地看着我，等着我说故事的重点。

当然，在日常生活中，你一定遇到过很多想法引发情绪和身体反应的情况：

- 只要一想到即将到来的难度很大的考试,你就开始发抖,感到焦虑不安;
- 当你想起那个侮辱你的顾客时,你就会面红耳赤,怒火中烧。

思维、判断、情绪和身体反应是一体的

我们在思维层面上对经历的判断,是决定哪种情绪会被触发的关键。这种判断与对情境的评估(积极或消极)以及对自身应对该情境能力的评估(肯定或否定)有关。请记住那个打扮成老虎的人。我们做出的判断不同,最初的惊吓之后所感受到的情绪也截然不同。在这个例子中,我们感受到的可能是愤怒、喜悦或羞耻。因此,在同样的情况下,不同的判断会产生完全不同的情绪。

另一个简单的例子也可以进一步证明这个观点。假设你每天下午都比其他家庭成员早到家,今天也是如此。你像往常一样打开门,但你突然听到客厅里有动静,似乎有人在那里。你的丘脑将这一信息传递给杏仁体,你的心怦怦直跳。是攻击,还是逃跑?你大胆地走进客厅,慢慢地打开了虚掩的门……你看到了你的妻子。她微笑着转过身告诉你,她这周每天都可以早点回家。所以,"杏仁体……我们不必再害怕了……让我们放轻松吧。"第二天,你像往常一样回家,像往常一样打开门,这一次你也听到了客厅的动静。但由于你的妻子已经告诉过你,她今天会早点回家,所以你没有任

何反应。你的海马记得,那是你的妻子。

下面这个例子告诉我们,如果我们不允许自己有某些情绪,那会影响自己的生活。D女士的伴侣意外离世,D女士非常伤心,痛哭了很久。她安排了葬礼,葬礼将在几天后举行。但她几乎无法集中精力,因为她害怕在葬礼上也哭得死去活来。她告诉自己,无论如何都不能这样,因为如果哭了,别人会觉得她很软弱,会很尴尬。她放不下这个念头,这让她哭得更厉害了。除了失去伴侣的悲痛,她又多了一种感觉——恐惧。

只有当她自己认为在葬礼上哭泣是正常的,别人怎么看她并不重要时,恐惧才会消失。恐惧此时是无效的,不适合当时的情况,悲伤在这种情况中合情合理。

然而,情绪也与我们自身有很大关系。如果我们在不同的情况下有同样的感受,我们就应该想想为什么会这样。如果我们在不同的情况下都感到焦虑,那可能是我们的杏仁体对"危险"过于敏感了。如果我们觉得在各种情况下总被人贬低,这可能是因为丘脑过快地将这一信息传递给了杏仁体。如果我们在不同情况下"老是"产生相同的情绪,那么在危机里,我们也可能会做出相同的反应。

同样的经历在不同的人身上也会引发不同的情绪。这是因为每个人的经历不同,一生中学到的知识也不同,因此对情况和解决

第 5 章 危机中的情绪处理

方法的判断也不尽相同。我们的判断往往是主观的,会受到我们个人思维误区的影响。这可能会导致我们的某些情绪不适合当下的状况。夸大事实之后的判断可能会引起错误的警报。

我们通常只是对感受有所察觉,而不会问自己究竟为什么会有这种感受。我们甚至也没完全弄清楚是什么事情引发了这种感受,但我们的确非常强烈地感受到了这种情绪。正因它如此强烈,所以在我们看来它一定是真实的。我们会根据情绪做出判断。例如,我们要是感到内疚,那就认为自己的确有过失。

基于以上这些原因,如果你能仔细审视自己对现实的判断,会对你很有帮助,尤其在面临较大压力时。毕竟你所产生的情绪取决于你自己的判断。经历类似事情的人,可能会因为判断不同而产生不同的情绪。有时受思维误区的影响,你的判断是错误的,这样一来你就自己绊住了自己。就像 D 女士一样,她把自己的哭泣判断为软弱。

事实证明,一种叫 "ABC 模式" 的方案对评估自己的判断以及随后的情绪很有价值。其中的 A 代表诱因(auslöser):发生了什么?是什么情况触发了你的判断?B 代表判断(bewertung):你在当时的情况下是怎么想的?你是如何评价当时的情况的?C 代表判断的结果(consequence)。由于该方案来自英语,因此缩写指的是英语的拼写。当然,在德语中,它应该写作 "konsequenz。" 在这里，我们关注的是由对情况的判断而产生的具体情绪。

在表 5-2 中用三种情境说明了不同的判断可能引发不同的情绪。我们从一个很小的日常情境开始，帮助你理解。你可以跟着检视一下自己的判断，并在必要时做出新的判断。

表 5-2　　　　　　　　　不同的判断所引发的情绪

诱因	判断	结果
当我在路上走时，一辆路过的汽车按响了喇叭	有人开车经过，他认识我，想跟我打个招呼	愉悦
	他为什么按喇叭？他不能这么做	愤怒
	出什么事了？要出事故了吗	担忧
因为经济不好，我的老板突然解雇了我	他为什么要解雇我？我和同事们不一样，我一直都很敬业。他怎么不解雇他们	愤怒
	大祸临头了，我再也找不到这么好的工作了。我可能再也不会被其他公司录用了，我会永远失业	悲伤
	丢了工作简直丢死人了。要是其他人知道了，他们会觉得我是个失败者	羞耻
我的女友突然离开了我	这是最后一根稻草。她怎么能这样？我为她做了一切	愤怒
	我现在孤身一人，我再也找不到伴侣了	孤独
	我该多关心她，我为什么总是让她一个人面对	内疚

在危机中，观察和审视自己的判断对我们很有帮助。很多时候，是我们自己让情况变得更加艰难。在本章的最后，你可以好好

第 5 章　危机中的情绪处理

审视一下自己的判断以及由此产生的情绪。

神经可塑性

丘脑、杏仁体和海马体是确保我们生存的最佳搭档。它们希望自己不断进步，因此会记住我们曾经历过的危险，这样下次它们就能更加快速地做出反应。它们的学习能力很强。杏仁体是可以调节的，这让它对直接刺激相关的刺激越来越敏感。所以，杏仁体的反应速度会越来越快。例如，假设我们曾被狗咬过，心里一直很害怕，那么现在只要听到附近有犬吠声，杏仁体立马就会做出反应。在经历强刺激事件后，杏仁体会跟着发生变化。我们无须意识到发生了这种变化，因为杏仁体会在我们无意干预的情况下自主学习。

有一个例子可以说明上述情况。1999 年，我在伊斯坦布尔为大地震后的幸存者提供支持。抵达的当天，我在办公室里与在地震中幸存的同事们进行了交谈。他们围坐在一起，我向他们解释了接下来的计划，以及我们可以为他们提供哪些支持。在我解释到一半的时候，他们中的大多数人突然跳了起来，冲到门外。我完全蒙了，不知道是不是自己说错了什么，但我什么也想不起来。不一会儿，他们又都回来了，略带尴尬地坐回自己的座位。

发生了什么？原来是一辆货车经过大楼，引起了轻微的震动。他们的海马体回忆起了地震，毫无疑问，有些人还回想起专家预测会有剧烈余震的报道。经历过地震的人，他们的杏仁体和丘脑对危险的反应更加强烈，这才让他们急忙冲出门外——这是地震中唯一正确的举动。而我的丘脑却没有向杏仁体报告任何情况，它把这次的震动归为"不重要"，因为地震发生后我才抵达伊斯坦布尔。

经常发生的情况可以直接在大脑中找到。求学时，我被允许和医学生一起解剖大脑。我们看到，没有两个大脑是相同的。杏仁体以及其他区域都在同样的位置，但显然存在差异。遗憾的是，我们无法再询问被解剖者的经历和想法。但如今有了成像技术，我们可以将人与他们仍在运转的大脑一起进行考察，从而对思考过程中发生的事及其影响有了更多的了解。过去，人们认为大脑在青春期结束时就已发育完全（或早或晚的问题），只有到老年时才会再次发生变化（如阿尔茨海默病或痴呆症），不幸的是，后者通常意味着退化。而如今我们知道，大脑的变化贯穿我们的一生。

就杏仁体而言，如果它在过去的经历中了解到危险无处不在，那么它就会变得更敏感，反应也会更迅速。这是为了确保生存的安全，因为杏仁体想要保护你，想要为即将到来的危险未雨绸缪。如果它认为存在很多危险，就会变得更加警觉。杏仁体就像是一位保护着我们的朋友。

用进，废退。可以把它想象成大草地上的一条小路，这条小路是为了方便通行而被人们踩出来的，不是由景观规划师修建的。当一个人开始走捷径，横穿草地，下一个人看到这片被踩扁的草地，也踩了过去，这片草地被踩得更扁了。越来越多的人经过这里，小径变得越来越宽。结果，这条被踩出来的小径比原本的路更好走，因为方便，人们更加频繁地使用这条小路。对我们的大脑来说，这在术语上叫"通路"（bahnung）。

著名神经心理学家克劳斯·格拉韦说："小路会变成高速公路。"在这条公路上，你可以比原来开得更快。大脑这种变化的能力被称为皮质可塑性或神经可塑性。更确切地说，是突触通过所谓的信号使物质在突触间隙传递信息。

任何事物都有其弊端。杏仁体让我们更容易适应环境，但也可能有不好的影响，那就是我们的情绪可能会被夸大。例如，你曾被狗咬伤，如上文所述，杏仁体想要保护你，所以只要听到犬吠声，杏仁体的反应就会变得强烈。这种反应从长远来看弊大于利。海马体会愈发强烈地回想起那些危险，而你就会越来越害怕遇到狗。遇到狗时，你甚至会做出横穿马路这样的危险行为，这反而极大地束缚了自己，同时也会让你忽略了有些狗并不危险。这种情况杏仁体会在较短的时间内活跃起来，按照进化的预设，对眼前的危险做出快速反应，但它还活跃个不停，而后者并不是进化的本意。

个人危机发生时，我们很多时候都高估了危险，而这会直接反映在我们的大脑中。一项研究表明，成年人抑郁症患者的海马体缩小了 19%，而他们的杏仁体却增大了。这是因为杏仁体在抑郁时被频繁使用。克劳斯·格拉韦写道："杏仁体持续过度活跃，与焦虑和对负面事件的预期增加有关。这意味着记忆中存储的主要是负面内容。这些负面内容很容易让人忧心忡忡，以反刍的形式被调取出来。因此，抑郁症患者被禁锢在负面想法中，杏仁体的增大可能在很大程度上与之有关。"据此推测，海马体的萎缩是因为压力过大造成的。

心理治疗会直接改变大脑。例如，焦虑症患者在接受认知行为治疗后，杏仁体的活动减少（恢复正常）。在很多其他领域里，神经可塑性也发挥着作用。音乐家的运动皮层特别强大；在用智能手机输入大量信息的青少年身上，负责运动的区域得到了强化；在杂技演员身上，负责复杂视觉运动的大脑皮层发生了改变。

神经可塑性的作用是双向的。现如今人们认为，大脑像肌肉一样工作——用进，废退。但这都不是一夜之间发生的。就像我们的肌肉一样，经常练习才能运用自如。

掌控自己的感受，试着这样做

现在，你知道情绪是如何产生的了。我们的判断过程并不总是有意识的，而且情绪的产生非常迅速，这值得我们予以充分关注。处理情绪可以帮助我们更好地应对困境，从而掌控自己的感受。下面，我将介绍一些可以更有意识地处理情绪的方法。

首先，深呼吸。人们经常说，发生危机时深呼吸很有用，现在我们知道原因了。现代成像技术已经证明了深呼吸的有效性。当杏仁体认为我们处于情绪混乱状态（这是它自己造成的）时，它不会料到我们还能如此平静地呼吸。因此，当我们的行为与杏仁体发起的行为不一致时，杏仁体就会感到困惑，并停止报警，不再激化我们的身体反应和情绪。

因此，第一步，运用一些呼吸技巧可以帮助我们更清晰地思考，并重新为大脑提供充足的氧气。深吸一口气，屏住呼吸，然后缓慢地深呼一口气——如果可能的话，直到呼出所有的空气——这样做是很有帮助的。呼气尤为重要，持续呼气，到几乎没有空气为止。作为一个简单的法则，你要记住，这三个步骤中的每个步骤都持续约8秒钟。只要连续做三轮，你的思维就会变得更加清晰。也许你正在安安静静地阅读这本书，并没有焦躁不安，但也一起试试吧。

练习：深呼吸

- 好，吸气（8秒）——屏住呼吸（8秒）——然后慢慢地呼气（8秒）；
- 再来一次：吸气（8秒）——屏住呼吸（8秒）——

> 然后慢慢地呼气（8秒）；
> - 第三次，也是最后一次：吸气（8秒）——屏住呼吸（8秒）——然后慢慢地呼气（8秒）。

你感觉到有什么不同了吗？

短暂地转移注意力。为了能够重新清晰地思考，暂时转移注意力也会有所帮助。做一些对你有益（但不是饮酒或吸毒等）的事情，比如听一小段音乐或绕着街区散步。但真的只能是短暂的，这不应该是对情绪的逃避。它能让你的头脑清醒一些，这样才能专注于情绪。但不要在每次感受到不愉快情绪时都转移注意力，能够忍受这些情绪，也是很重要的。

"能量姿势。" 如上所述，我们的思维过程和情绪也会反映在外在行为上。例如，当我们悲伤时，往往会向下弯着身子、手臂低垂、眼神躲闪、语塞、声音低沉，这种低头的姿势会加剧悲伤的感觉。而且由于关键器官受到了"挤压"，我们无法正常呼吸。

我们的情绪会受到面部表情、手势和姿势的影响。美国心理学家保罗·艾克曼（Paul Ekman）让被试调动相应的面部肌肉来模仿选定的情绪，接着再让他们评估自己的情绪。结果，瞧吧，他们真的感受到了选定的情绪。你也试试看，如果想让自己感觉好一点，

第 5 章 危机中的情绪处理

就笑一笑吧。

这同样适用于身体姿势。如果你想改变不愉快的情绪,做与当下感觉相反的姿势会很有帮助,这会对我们的大脑和身体产生直接影响。例如,如果你感到沮丧、焦虑、悲伤或无助,那就摆出一个"能量姿势",展示你的能量!有意识地伸展躯体,摆出自信、有力的姿态,你能感受到情绪好转了。姿势的改变意味着你可以更好地呼吸,你的目光会更宽广。杏仁体也会受到刺激,积极做出改变。

美国密苏里大学的三位心理学家达娜·卡尼(Dana Carney)、艾米·卡迪(Amy Cuddy)和安迪·亚普(Andy Yap)在一项尚未被重复验证的研究中证明了这一点。被试被要求摆出强有力的姿势两分钟。即使只有短短两分钟,也检测到了他们睾酮水平的增加和皮质醇水平的降低。更为重要的是,他们感觉自己更强大了。你也亲自试试吧!

放大镜下的情绪。正如上文所说,我们对某种情况的体验,以及随后产生的情绪和身体反应,都取决于我们的判断。这种判断并不总是客观的,它可能过于片面,以至于使生活变得困难。因此,在危机期间要更加仔细地观察和分析自己的情绪。然后,你可能会得出需要对情况进行重新评估的结论。仔细分析自己的情绪,可以拨云见日,帮助你开启有意识的思考。

请看下方的练习表。下列关键问题将帮助你进行分析。

- 到底发生了什么？我经历了哪些情况？我的情绪的诱因是什么？（A）
- 我对当时的情况做出了什么判断？（B）
- 触发了什么情绪？是恐惧吗？我害怕的是什么？是愤怒吗？到底是什么让我恼火？（C）
- 我可以用不同方式判断这个情况吗？我可以想到哪些资源？（B'）
- 新的判断又触发了什么情绪？（C'）

A（诱因）	B（判断）	C（结果）	B'（新判断）：我可以用不同方式判断这个情境吗	C'（新结果）：在这个新判断下，我会有什么情绪

尽管如此，很多情况我们没有办法进行重新判断。假设一个人的儿子在车祸中受了重伤，这就糟透了。在这种情况下，"悲伤"的感受是完全恰当的。然而，"内疚"的感受则可能不是。

第 5 章　危机中的情绪处理

对付内疚

下面我想重点说一种特殊的情绪。我发现，面临危机的人经常把全部责任归咎于自己。因此，我想重点谈谈"内疚"这种情绪。若当事人罹患癌症，他们责怪自己活得不够健康；若是儿子出了意外，他们责怪自己允许儿子和朋友去爬山；他们也会把车祸的原因归咎于自己，责怪自己没有在生活中做得更多。他们希望时光倒流，告诉自己那样一切都会截然不同。

于是，他们围着自己的过失打转，有些人甚至到了自我毁灭的地步。一些痛苦的经历，在回想起来时，又会加重他们的自责。他们的注意力只集中在自己的错误上。这就是陷入了"内疚陷阱。"如何从陷阱中脱身而出呢？认识引起"内疚"情绪的各种陷阱会对我们有帮助，这些陷阱包括一系列不合理的判断和思维误区。

陷阱一：在做决定时，我们总是希望有先于当下的认知，但并不知道会有什么结果，这种情况很多。而且在大多数情况下，我们根本无法知道结果会如何。假如我们决定去一家新餐馆吃某道菜，我们事先无法知道自己是否真的会喜欢这道菜。如果结果对我们不利，也就是我们不喜欢这道菜，那么思维就会出现以下误区：我们根据现有的知识，即我们对结果的了解来判断。我们现在知道了先前的决定的结果，然后开始马后炮，期望当时做决定时应该掌握现在的信息。

但我们当时并不了解现在的信息,否则就不会做出这样的决定。我们不会设想:"我要做一个决定,而这个决定的结果会很糟糕。"只有事后才意识到,我们做出的决定引起了不好的结果。当时,我们认为这个决定是正确的。这就是为什么事后再做评判时,只能考虑事前知道的信息,这样对自己才公平。

陷阱二:我们经常会想,当时要是做了另一个决定,结果会更好。然后,我们会把这个想象中的决定想象成一条"金光大道",在这条"金光大道"上,危机事件不会发生。但这种确定性从何而来?我们有千里眼吗?你不可能知道另一个决定会把你带向何方,也许会发生更糟糕的事情。有趣的是,如果结果是有利的,我们通常不会问自己是否应该做出不同的决定。

陷阱三:事情的结果总是与多种因素有关,环境也会对结果产生很大的影响。但当我们感到内疚时,会将责任完全归于自己,而不会考虑其他因素。

陷阱四:做判断时,我们不会想到,每一个决定、每一次行动都可能产生不好的结果。无论我们做什么决定,在绝大多数情况下,我们并不能百分之百地知道事情的结果。这就是为什么一直质问自己的过错是毫无意义的。你对自己的所作所为产生的大部分想法,都是反刍问题("要是当初……")。从根本上接受你也可能做出错误决定的事实,会对你更有益。内疚不会带来任何结果,也无法挽回一切。

有一个例子可以对这四个陷阱进行详细的说明。

B太太允许儿子开她的车去参加新年晚会，她的儿子已经拿到驾照一年了。B太太知道儿子很懂事，开车时从不喝酒。凌晨三点，B太太接到电话，说她儿子出了车祸，受了重伤，正在医院抢救。B太太不想听到任何关于车祸的具体信息。她感到内疚，不断地告诉自己："要是我没让儿子开车，那么就不会发生这件事，他也不会受重伤住院。要是他没去参加派对，除夕夜就会有个好结局。"

B太太的逻辑背后有哪些陷阱？

陷阱一：B太太在事故发生前就做出了决定，当时她的儿子问她是否可以把车借给他。现在，她知道了自己的决定会带来什么后果，如果她事先知道会发生这样的事，她肯定不会把车借给她的儿子。

陷阱二：B太太如何确信如果没有把车借给他，除夕夜就会有好结果？他或许会和朋友同行，也许会发生更严重的事故。即使待在家里，他或许会和邻居一起燃放烟花，遇上更糟糕的事？

陷阱三：与其自责，不如想想是什么导致了事故的发生。这通常会涉及几个因素，但B太太并没有厘清这些因素。例如，当时的照明条件如何？路况如何？事故中还有其他人吗？以上问题可以帮她意识到，并不是所有责任都应由她来承担。

陷阱四：B 太太有哪些想法？她的想法是反刍式的想法，这些围绕着问题而非解决方案的想法毫无道理。如果 B 女士想想她现在能为儿子做些什么，会更有帮助。何况现状已经无法改变了，事情已经发生了，无法通过思考来挽回。因此，这种情况归属于"无法改变"的领域，只有彻底接纳才有用。

做出改变

如果你感到内疚，请从以下角度重新审视导致这种情况的原因。

- 你发现了哪些陷阱？
- 哪些错误的判断会让你感到内疚？
- 针对这个陷阱，你能做点什么吗？
- 如何判断更为恰当？
- 重新判断后，你产生了什么情绪？

我的新判断：

_____

_____

第6章

幽默创造距离

生活太重要了,不能太过严肃!

——英国诗人 奥斯卡·王尔德

幽默真的很有用

幽默是一个不太好写的话题。关于幽默的章节,是不是应该写得特别有趣?作者是不是必须证明自己特别幽默,掌握了幽默的艺术?反过来,读者并不期望一个写抑郁症的人特别抑郁,以至于读完后垂头丧气地躺在地板上。

研究者们似乎并不关心这个问题。关于笑和幽默的研究工作也都是非常严肃的。一些关于幽默的科学文章相当缺乏幽默感,但好在一点也不缺乏理论支撑。我们为什么要在此谈论幽默呢?这是一本关于如何处理个人危机的书,和幽默有什么关联吗?严肃的话题和幽默——这两者不是相互排斥的吗?一旦严肃,乐趣就停止了!

不,我认为乐趣停止时再开始幽默,也为时不晚。在危机中是可以微笑的,也是可以快乐的。事实上,我认为人们确实也应该这样做。心情好的时候,笑是很容易的。心情不好的时候就很难,尤

第 6 章 幽默创造距离

其是要笑一个小时。但其实没必要笑那么久，有时只是几秒钟的幸福，小小的幸福瞬间也有用。把这些瞬间串联起来，就能组成一个小时，让原本可怕的事情，在这短暂的时间里，显得不那么可怕。毕竟喜剧与悲剧相去不远。

处于个人危机时，有些人一旦开怀大笑，感到轻松愉快，就会对自己的反应感到震惊。于是心虚地问自己："我可以这样做吗？我是不是不够严肃？我是不是在逐渐疯掉？我是个坏人吗？"可实际上，在这种情况下，幽默尤为重要。即便在个人危机中，你也应该允许自己大笑、微笑或至少咧嘴一笑。因为幽默有时可以帮助你度过最糟糕的时刻，大笑或微笑能让人感到片刻的解脱。

这就是为什么在你完全想不到的地方（比如在集中营里），也能看到幽默。维克多·E. 弗兰克尔（Viktor E. Frankl）出版了一本书，讲述了他作为犹太人被囚禁在包括奥斯维辛集中营在内的四个不同集中营的经历。他和另一名囚犯约定，每天给对方讲一个风趣的故事。他们不是随随便便编一个故事，而是在告诉对方，集中营中的经历会如何影响以后的生活。这让他们能够以新的视角看待当下的经历，可以说是把这种经历置于另一种语境下，由此，眼前的经历在他们眼中变得有趣了起来。

有一个与食物有关的故事。集中营里的汤经常很稀，少数有营养的东西都在盛汤的大盆底部。被拘押者们经常想要从盆底舀一

133

点，这样他们才能喝到除了水之外的东西。维克多·弗兰克尔和其他人一起想象，要是战后也保持这个习惯，在被邀请和高雅的同伴们共进晚餐时，要求他们给自己一些碗底的渣滓，那将会是什么样子。这个想法让他和他的狱友们开怀大笑。维克多·弗兰克尔将幽默描述为"自我保卫战中的灵魂武器"，这一观点令人印象深刻。他认为，在人类的生存境遇里，幽默比其他任何东西都更能创造距离，超越困境，哪怕只有几秒钟。

还有许多别的例子能够说明，幽默可以帮助我们在困境之中远离绝望。我的一位教师朋友每年都会带领高年级的学生前往奥斯维辛集中营，进行为期一周的研学旅行。在那里，他们与当时被拘押的波兰人、时代见证者，也是后来的纪念馆馆长斯莫林先生进行了一次对谈。他告诉学生们，正是因为有了那些幽默的时刻，他才得以幸存。斯莫林先生说，若是不能偶尔笑话一下自己和当时的处境，很多人可能还没进毒气室就已经死了。因此，幽默是救命的灵丹妙药，是应对危机的工具，是灾难中的同伴。只要幽默尚存，它就可以助你昂起头颅。

在旅行开始前，老师就告诉学生们，到了集中营，晚上大家可以一起玩游戏、一起欢笑。学生们听后，露出了难以置信的表情。但在第一天结束后，他们就明白了老师的用意。在这个令人心生恐惧的地方，白天所经历和目睹的一切，给大家带来了强烈的冲击，

第6章 幽默创造距离

这些感受需要得到一个缓解的契机,唯有如此,学生们才能真正地理解和消化这些经历。所以,每天傍晚大家会一起进行反思(反思的时长各不相同),之后,便会有意识地放松休息,与恐惧保持一定的距离,从而为第二天的行程积蓄能量。

据说,幽默也曾帮助德国画家威廉·布施(Wilhelm Busch)渡过难关。他曾极其不快乐、几乎绝望,是他的连环画帮了他,让他没有越陷越深。马克·吐温认为,天堂里没有幽默,因为幽默的秘密来源不是喜悦,而是悲伤。这样的话,天堂真是无聊极了。患有渐冻症的斯蒂芬·霍金曾说,如果没有幽默,生活将是一场悲剧。幽默是让他坚持下去的动力。人们也说他是一个非常风趣幽默的人。

维克多·弗兰克尔称自己的幽默为"集中营式幽默",这让人想起"绞刑架式幽默"一词。词源词典中对后者的解释是:尽管即将被处死,但仍保持幽默。所以,如果我们必须死,那就让我们开心地死去吧。这究竟是在骇人听闻,还是在提醒我们要笑对任何境遇?这正是"绞刑架式幽默"的精华所在。

人们需要幽默,尤其在困难时期,新冠大流行也证明了这一点。危机也有自己的幽默。我从未在社交网络上收到过这么多关于同一个话题的笑话和漫画。有关于远程工作、卫生规定和复活节的笑话,也有关于圣诞节、厕纸和整个疫情的漫画。这些笑话和漫画能帮助很多人接受他们所经历的一切，至少能够在短时间内把我们从现实中拉出来，让我们重获掌控感。正如我们已经知道的，方向感和控制权是我们的基本需求。你那里的情况如何？你听过多少关于厕纸的笑话？你现在囤了多少卷厕纸？

有了幽默，即使是敏感话题，谈论起来也能轻松不少。在宫廷中，宫廷小丑曾经是向国王揭露真相的人。为了表达得不那么露骨，也为了不因此被绞死，他们为批评性的言论披上了幽默的外衣。这样一来，如果遇到麻烦，他们还可以说自己不是故意的。现代版的宫廷小丑是喜剧节目（如《今日秀》[①]）的表演者们。而莱茵狂欢节的起源同样与幽默紧密相关。举例来说，在狂欢节期间，卫兵制服这一元素以独特的视角展现了统治与军队，狂欢节上的演讲以及主题花车等活动，也都围绕着这种幽默诙谐的氛围展开。

在培训时，幽默也有助于处理棘手的问题。我在汉莎航空工作时，负责为"特别援助小组"构思和实施心理急救培训。该团队由志愿者组成，在发生紧急迫降或飞机失事等重大事件后，为幸存者或其亲属提供支持。培训的一些主题令参与者们痛心不已。培训中的一个环节是由演员们对紧急情况进行模拟演练，他们把受难者演得非常逼真，有时甚至让我们忘记了这只是"培训。"

---

① 《今日秀》（*Heute Show*）是德国的一档时政类脱口秀节目。——译者注

尽管如此，培训过程中还是有许多欢乐。休息期间，隔壁房间的一位培训师走过来问我，为什么我们笑得这么开心？我们不是"危机研讨班"吗？我问他，为什么这是矛盾的？并且对他说，我们不必因为正在讨论一个悲伤的话题而显得苦大仇深的。而且，不只是在研讨班上，在培训其他让人紧张的主题时，也应该允许幽默存在。在现实生活的个人危机中，更应该允许幽默出现了。

治疗是一件严肃的事情，没什么好笑的

幽默在治疗中有用武之地吗？有的，当然有！H女士是一位与我相识已久的患者。她向我谈起她的周末，她的新男友在身边，但她根本无法尽兴，因为她脑子里总想着自己一点儿也不可爱。她的这个想法由来已久，这导致了她的个人危机。她经常反刍，与人接触时越发没有安全感，性格也越来越孤僻。我问她，她的男朋友参加的是哪项挑战，她困惑地看了我一眼，皱着眉头问我什么意思。我说，在我看来，如果她的男朋友每个周末都来找一个不可爱的女人，那他一定是在参加什么疯狂的比赛。

在短暂的迟疑后，H女士爆发出一阵大笑。她补充道，那一定是一场艰苦卓绝的比赛。因为他周五晚上要在紧张的工作之后，开车60千米来找她。我们还谈到，她的朋友们是否也在参加这个比赛，而且一参加就是好几年。H女士很开心，想出了这个比赛里更多的苛刻条件。突然，她停了下来，问自己之前怎么会相信那个

"蠢想法。"她说,她要是不可爱,那她的朋友们来找她一定是"脑子出问题了",这句话使她与自己的想法拉开了距离,让她意识到那只是一种想法,与现实不符。

试着想想你的周围,同事、朋友和熟人卷入的这场疯狂的比赛,以及与比赛绑定的那些任务,你会笑着摇摇头的。尽管试试看吧。

两周后,H女士说,"我不可爱"的想法消失了。从我们谈话那天起,这种想法就不再纠缠她了。虽然最开始的几天这种想法有时还会出现,但出现时,H女士的脸上不由自主地露出了微笑。

人们会捧腹大笑,但幽默究竟是什么

德国喜剧演员维尔纳·芬克(Werner Finck)是这样回答这个问题的:"幽默就是一个人在心灰意冷时大笑的欲望。"越来越多的幽默研究者,即研究笑声及其相关现象的学者,正在对这一现象进行科学研究。然而,幽默这一主题往往比看起来要复杂得多。幽默有许多不同的定义,几乎每位学者都试图找到自己的定义。目前,还没有一致的官方通用定义。

你的幽默感如何?你有没有幽默感?有趣的是,几乎每个被问到的人都说自己有幽默感,我从未见过说自己没有幽默感的人。我们来做个测试，问问你的朋友和熟人他们是否有幽默感。我敢肯定，他们中的大多数人（也许不是全部）会说自己有幽默感。对过于严肃的人，人们会说他好像丧失了幽默感。这句话的意思是，他曾经有过幽默感，只是找不到了。

"好的幽默"到底是什么

对于什么是好的幽默，什么是坏的幽默，人们往往没有共识。这通常取决于观众。一个人觉得好笑，另一个人可能最多只是尴尬地一笑。有人听了金发女郎的故事笑得前仰后合，有人觉得伍迪·艾伦很有趣，还有人喜欢恐怖幽默、英式幽默、黑色幽默、绞刑架式幽默，等等。当人们说某人"很幽默"时，每个人都有自己的理解。

比幽默的定义更重要的是，我们要找到与自己笑点一致的人。如果我不得不费力地解释我的笑话或我在笑什么，那么我们就没有共同语言——至少在幽默方面没有。有幽默感很重要，它能让生活变得更轻松，让一些事情变得更容易被接受。

如何在危机中创造幽默

在危机中，幽默不一定是讲一些背得滚瓜烂熟的笑话，让人笑出声来。在我看来，危机中的幽默，是把事情放到不同的语境中去理解的能力（例如，想象保留要汤渣的习惯）。幽默可以通过对事物的夸大（男朋友是参加了什么挑战？）或缩小而实现；可以通过对字词的某种强调来实现；还可以通过寻找象征和隐喻制造距离感来实现。想象力、对情境的某种构想、创造威胁性较小的形象，也能让人会心一笑，有时还能让人释怀。我们将在下文中进一步说明，并非所有的方法都适用于某一次危机，必须视具体情况而定。

当我们想要展现幽默感的时候，尤其在危机中，通常会从当下的经历里寻找素材。幽默有时会在瞬间产生，往往出乎意料，能制造惊喜。然而，当你把幽默发展成一种内在态度，一种从容应对你所经历的一切的生活态度时，这才是最高级的修养。这时，幽默感和开玩笑就有了微妙的差别。幽默也可以是安静的。特别是在危机时期，它更多的是一种安静的微笑，是一种愿意开朗地、眨巴着眼睛面对生活的态度。这种幽默更多地配以一些微动作。

幽默能让你后退一步，从一定的距离之外审视问题。这会让你找回一些轻松感，还能让你得以喘息。归根结底，这也是我们在元认知疗法中使用"超脱正念"所做的事情。与自己拉开距离，从不同的角度看待自己，这会让一些事情变得轻松。

在重大危机中，这可能非常困难，有时甚至不合时宜。飞机失事、车祸这类事情，显然不是能拿来打趣的。但即使是在一些压力很大的情况下，从幽默的角度转换看待问题的视角，长远来看也会大有裨益，正如我们在上面的例子中所看到的那样。有时，只是片刻的停顿，便可以让你在严肃的氛围中稍事休息。而且，大家在一起开怀大笑时，我们会感到与他人的联系。

你自己也可以幽默起来，从不同的视角看问题，让自己笑起来。维克多·弗兰克尔就此谈到了"一种生活艺术。"他写道："如果幽默是试图以某种方式从有趣的视角看问题，那么这可以说是一种技巧，一种生活艺术。"

怎样才是幽默

我们只应一同欢笑，而不是彼此嘲笑。除非我们是在自嘲。正如我们在上文所看到的，自嘲对克服困难也很有帮助。然而，自嘲的时候并不总是有趣的。我的患者 K 女士每说一句悲伤的话，都会发出一阵大笑。面对问题，她一笑而过，不允许自己悲伤。在这种情况下，重要的是先接纳自己的感受。只有接纳了自己的感受，才能从幽默的视角看待问题。

无论和谁在一起，幽默都可以带来欢乐，但幽默不是万能的。在我看来，在展现幽默感时，尤其大家一起大笑时，有两条主要规则：

- 在展现幽默感时，应该有敏锐的感受力；
- 幽默应该富于尊重、善意和重视。

幽默需要具备敏锐的感受力,你应该知道面对不同的人、在不同的场合,什么样的幽默最合适。P 女士的母亲刚刚去世,而她同事的表现很糟糕。在得知 P 女士失去母亲的消息后,这位同事给她寄来了一些笑话,并附上一句话:"这样你就又可以笑了。"这样的做法完全不合时宜,反而凸显了这位同事的束手无策。你需要有同理心,有时还需要有常识,来判断对方是否能接受幽默。如果能接受,还要看他目前的状态能接受什么样的幽默。

第二条规则是,幽默应该富于尊重、善意和重视。幽默不应伤害任何人。幽默不是开别的人甚至是在场的人的玩笑,从而贬低或排斥他们。"diss"别人,就像现在年轻人所说的那样,这种做法并不幽默。"diss"一词本就来自"disrespect"(不尊重)。恶意和幽默是相互排斥的。与其嘲笑别人,不如逗人发笑。顺便说一下,甚至有人害怕被人嘲笑——"被笑恐惧症"是一种疾病。

相与欢笑——幽默的社会性成分

我们的许多行为都源于进化,进而服务于生存。在群体中大笑对我们的生存是有保障作用的。首先,它向他人表明我们是没有攻击性的,不会对他们造成伤害。这一点是跨文化的,我们的笑声会被其他的文化所认可。其次,它可以促进集体关联,一同欢笑可以建立关联。正如我们所看到的,关联是我们的基本心理需求之一。

讲笑话似乎还具有让世界团结的力量。有一次我在印度出差，晚上的时候，印度同事给我讲笑话。前几个笑话就让我大吃一惊，因为我听过这些笑话，只是讲述方式不同而已。它们是东弗里斯兰地区的笑话，只不过现在主人公变成了锡克教徒。有趣的是，锡克教徒也生活在北方，但他们生活在印度北部，而不是德国东弗里斯兰地区。我在世界的另一端，突然有了宾至如归的感觉。不过，这种情况你必须小心谨慎。有些关于少数民族的笑话是对他们的诽谤，会让他们感到不悦。2018年，锡克教徒成功地对讲这种笑话的人采取了法律行动，他们的做法很正确。

在电影《卖笑的蒂姆》中，我们可以看到不能再放声大笑的人很痛苦。主人公蒂姆出卖了自己的笑声，失去了笑声后，他变得越来越不开心，朋友也越来越少。邪恶的男爵却因为获得了蒂姆的笑声而备受人们喜爱。失去了笑声的人，赶快把笑声找回来吧。

科学研究

正如我们在上述例子（关于集中营的例子）中看到的，在个人危机中，幽默对人们的忍耐和生存起到了积极的帮助作用。下面，我们将了解一些相关的科学研究。

笑是危险的吗

有人说,他们把自己给"笑坏了。"这可能吗?笑会用到很多块肌肉。人们在笑的时候,脸部的 17 块肌肉会随之绷紧,这一过程还会牵动全身另外的 300 块肌肉。大笑过的人都知道,剧烈大笑后肌肉会发酸发胀。当然,肌肉酸胀并不危险。

幽默有助于健康吗?笑有助于健康吗

即使你因健康受到威胁而遭遇了个人危机,欢笑和幽默也能帮你解决一些问题。研究表明,幽默感强的人能够更好地应对健康问题。例如,它有助于应对疼痛、心脏问题和癌症、帮助治疗老年痴呆症和防止感染等。同时,欢笑和幽默也有助于解决心理健康问题。

幽默有助于消除压力。在一项研究中,研究人员询问了 258 名学生所感受到的压力和日常面对的问题。同时,还请他们填写了一份关于焦虑、应对策略和幽默感的调查问卷。研究结果表明,幽默感较强的学生,其压力和焦虑程度较低,尽管在两个月的时间里,他们遇到的日常问题与幽默感较弱的学生一样多。有趣的是,幽默感较强的人处理问题的方式不同,他们总体上更注重解决问题。

众所周知,现在医院会特意聘用小丑,这对患者和护理人员都有好处。艾卡特·冯·希施豪森(Eckart von Hirschhausen)创立的

第 6 章　幽默创造距离

幽默康复基金会的小丑表演就是典型的例子。许多科学研究都证实小丑对患者有益。在一项研究中，患有慢性阻塞性肺疾病的患者在小丑的引导下开怀大笑，肺功能得到了改善。小丑还有缓解恐惧的作用。另外一项研究表明，在儿童接受麻醉期间，若父母之外还有小丑在场，他们的恐惧感会更低。

倘若身边恰好没有小丑，那我们就得自己想办法消除恐惧。有些人对蜘蛛有着极端的恐惧（蜘蛛恐惧症），这些人在生活中受到了很大的困扰。一项研究表明，害怕蜘蛛的人可以通过幽默来缓解恐惧，恐惧和笑声是相互排斥的。所以在给惧怕蜘蛛的人看的图画中，蜘蛛被描绘得很滑稽（例如穿着芭蕾舞裙）。

每个《哈利·波特》的粉丝都知道，对付怪物博格特最好的办法，就是使用咒语"滑稽滑稽"（riddikulus）。这个单词源自拉丁语"ridiculus"，意思是"开玩笑、滑稽、诙谐"，同时也有"可笑"的意思。通过将令人恐惧的生物转变成滑稽或可笑的东西，我们就可以嘲笑它们，让它们失去威胁性。但我们不一定要会魔法才能做到这一点，我们可以自己在脑海中勾勒出这些形象。这就是上文提到的"想象力"的含义，即内心图像的呈现。我深信每个人都曾在某个时刻观看过自己内心的影片。

重要的是，不要忽视了敏感性和尊重他人的原则。如果你是自嘲，那自然没什么问题。但在他人面前嘲弄他人，这可算不得是幽默。

幽默在生活中还有什么用

幽默在工作中扮演了什么角色？有一种观点时常占据主导地位：在工作中发笑，就是不够严肃。然而，大量研究表明，幽默对工作大有裨益。在一项元分析（即研究者对一个主题的多项研究结果进行分析，得出综合结论）中，研究人员发现，幽默在工作中的作用很多，能提高员工的满意度、团体凝聚力和工作绩效。

幽默还对员工的健康状况产生了积极的影响，提高了他们的工作效率和解决问题的能力。更为重要的是，幽默的工作氛围缓解了整个公司的压力，辞职人员有所减少。大家对有幽默感的上级领导的总体评价也更为积极。

因此，在工作中一定要敢于展现幽默。尤其在危急时刻，这有助于解决眼前面临的问题。根据我的经验，在日子不好过的时候，好心情和幽默感并不是在所有公司里都受欢迎。那些在经济困难的时候保持幽默感的人往往不被人理解。显然，有一条不成文的规定，即在危机时期不允许表现出积极的情绪。

可是，如果工作氛围过于严肃，大家的情绪很有可能越来越低落。特别是在经济危机（例如一些公司因新冠病毒大流行而经历的危机）中，将幽默融入日常工作里是很有意义的。毕竟，幽默的积极作用是毋庸置疑的。

幽默适合眼下的危机吗

总而言之，幽默地看待问题能让人头脑清醒。通过改变视角，可以拉开自己与问题之间的距离，从而更积极地应对难题。从不同的视角看待自己的生活，形成与以往不同的观点，这同样会有所助益。尤其是身处困境时，如果你不把自己搞得那么严肃，有些问题就会比原本看起来轻微一些。开一会儿小差，哪怕只是几秒钟，也会让你忘记烦恼。这能让你感觉自己重新获得了一些控制权。正如我们已知的，对方向和控制的需求是人类的基本需求之一。在这方面，幽默和危机是绝配。找一个你可以一起笑的人，或者自嘲一下吧。

幽默是可以学习的吗？我认为，其实每个人都有幽默感。但是，幽默感就像贵重物品一样，出于安全考虑，经常被我们藏起来。因此，幽默培训应运而生，其有效性也已得到证实。但是，参加幽默培训的时机，应该是你并未身处困境的时候。幽默作为一种态度，最好是在日常生活中，在你最不需要它的时候练习。火灾警报就是这样的。恰恰是在没有火灾时，我们也要进行消防应急演练。就像从大脑研究中得知的那样，如果事先建立了宽阔的通路，那么在紧急情况发生时，我们就能更快地调用大脑的不同区域。

接下来，你会看到一些其他建议，教你如何通过微微一笑，与当前的困境拉开一定的距离。但请注意，并非每一个建议都适用于所有的危机情况，请不要给自己施加压力。如果你看不出目前的状况有什么幽默之处，那可能还不是时候。你可以以后再尝试，先进入下一章。现在，重新发现自己的优势，用正念让自己冷静下来，可能会更有帮助。试试看吧。

通过视角转换创造幽默感

面对压力，如何在生活中创造更多的幽默？如前文所述，幽默可以通过以下方式产生：

- 将体验放置到不同的语境中；
- 夸大；
- 缩小；
- 用不同的语气说话；
- 想象（参考"滑稽滑稽"咒语）；
- 象征；
- 隐喻。

你能把这些方式应用到生活中吗？也许下面这些问题会给你带来启发。

第 6 章 幽默创造距离

首先，回顾过去的状况。 有意识地回忆一下过去面临压力的时刻，只有在有了时间距离之后，你才会对此会心一笑。是什么让你在回忆时微笑？你想起了什么？当初经历时你觉得有乐趣吗？

其次，通过其他人和自己审视当前的困境。

通过其他人：

- 有时，设身处地地为他人着想，就能改变视角。因此，你认识能从幽默的角度看问题的人吗？他是如何做到的？
- 在这个人看来，你目前的处境有什么幽默之处？

通过自己：

- 你能把压力体验置于另一个语境中吗？例如，你能否想象一下，如果在未来用上当下情境中的"材料"或行为，会发生什么？（想想维克多·弗兰克尔的"汤渣"）
- 或者，你能否想象，你现在所经历的一切同样也会发生在别处？在另一个时间，另一个地点？
- 你能用夸张的手法来描述自己的现状吗？
- 你能想到危机之中有什么好笑或可笑的地方吗？（想想"滑稽滑稽"咒语）
- 你能为当前的情况找到一个象征物吗？例如一块石头、一幅画或一朵蒲公英；
- 你能改变视角吗？能不能从另一个角度看你的处境呢？
- 你能换一种语气描述你的情况吗？
- 如果把你的情况编成一个笑话来讲，你会怎么讲？

第7章

关注自己的优势

与我们的内在相比,眼前与身后的一切都微不足道。

——美国作家 亨利·戴维·梭罗

我很棒

R 女士在工作多年的公司里遭遇了困境。公司来了一位新同事,这位同事对她撒谎,向她隐瞒信息,还要挑战她的地位。更糟的是,还来了一位新老板,这位老板与新同事关系很好。起初,R 女士进行了抗争,与她的同事和老板进行了交谈,还请出了企业工会,结果都无济于事。就这样,她逐渐对自己的能力失去了信心,无法继续在公司工作。她失眠、注意力无法集中,最终请了病假。总之,她似乎绝望了,她担心不会再有公司邀请她参加面试,也担心不能重新过上快乐的职场生活。她的担心阻碍了她投递简历,也阻止了她做其他事情来改变自己的处境。

她的绝望在外表上也显露无遗。她总是耷拉着脑袋,说话声音也很沉闷。当被问及在这场个人危机之前她是什么样的人、有哪些优点和能力时,她说自己之前一直很自信。曾经的她不用迎合别人

第 7 章 关注自己的优势

的喜好，有自己的观点，很受欢迎。在讲到这些时，你可以清楚地看到 R 女士的变化。她采用了完全不同的姿势，身体的张力变得更强，她坐得笔直，眼神开始闪闪发光。突然间，她变成了一个完全不同的女人。

在个人危机中，我们往往倾向于关注自己的缺点，这样就会忽略自己的能力。R 女士的情况就是这样。她的自我认知发生了变化，她不再去想自己究竟是谁，是什么样的人。可是，我们的能力不会凭空消失，也不会像衣服一样被脱掉。它始终存在，只是我们没有看见而已，因为我们只盯着有问题的地方。

因此，在发生个人危机时，我们要更关注自身的优势。我们会因为所发生的事而感到自己渺小、无助且脆弱，也会错误地认为自己就是渺小、无助和脆弱的。我们会仅仅因为这样的感觉，认为自己就是这样的人，并对自己产生负面的印象。这可能会让自我实现呈螺旋式下降。觉得自己什么事都做不好，认为一切都没有意义，甚至缴械投降，不针对当前的状况做出任何反抗。于是，情绪变得更加糟糕，我们会想起生活中的其他负面事件，事实上根本就是在主动寻觅它们，这反过来又导致我们的情绪更加恶化。我们感到越发无力，行为越发被动，甚至觉得自己毫无价值。

大脑研究使我们了解到，对同一个想法的反复、密集地关注，会直接反映在我们的大脑中。一旦负面思维的区域被激活并被反复使用，这种思维的路径就会变成高速路。这样一来，这些思维就会成群结队，越跑越快。可以说，它们有了畅通无阻的道路。R 太太越来越不相信自己，因此也就不愿意采取行动。假如我们认为自己无论如何都找不到工作，甚至都不去尝试，那么结果必然是找不到新的工作，预言就这样自我应验了。

但是，我们并非像自己想象的那样无助。每个人都拥有技能、能力、天赋以及许多其他东西，用一个术语来说就是"资源。"这些资源似乎在危机中被埋没了，需要重新激活。如果你是从头开始阅读这本书的，那么你可能已经在自己身上发现了此前描述过的一些能力。你可能已经发现自己有幽默感，或者能迅速停止反刍；你或许也能够意识到自己的感受，并适当地处理它们。这些都是在危机中特别有用的能力。

资源究竟是什么

有时，了解一个术语的来源和本义有助于理解其内涵。"资源"一词来自拉丁语"resurgere"，意思是"涌现。"而在英语和法语中，"source"的意思是"源头。"这个概念被用于不同的领域，例如在经济学中，它指一个国家拥有的原材料和资金。

在心理学上，简单来说，是指我们汲取能量的来源，可以说是

第 7 章 关注自己的优势

我们的力量源泉。这些东西可以帮助我们，特别是在困难的时候。资源可以分为三种核心的类型。其中之一是我们生活的总体条件，即我们的经济能力、教育和培训、工作、收入、生活环境、爱好、网络和朋友，当然还有我们的家庭。如果其中的一些源泉即使现在看起来不再涌现，它们也仍然存在，只是或许被堵塞了。不会所有的源泉都枯竭，它们正等待着，被再次利用。

除此之外，还有我们的人际关系资源。这不仅包括我们如何与他人打交道，还包括他人如何与我们打交道，或者我们如何让他人与自己打交道。这些资源包括可靠性、尊重和赞赏。

最后是我们的个人内在资源，即位于个人之中的资源，这种资源反过来也会对其他两种资源产生影响。这种资源包括个人能力、技能、自尊、乐观、知识、幽默、有益的思维方式和态度，以及我们自身的魅力和力量。尤其在危机中，我们应当投资自己，不要让我们的资源闲置。

神经心理学家克劳斯·格拉韦将人际关系资源称为"我们满足基本需求的积极潜能。"

发现自己的资源

想要（重新）发现自己的资源，有一个练习可能对你很有帮助，我经常与研讨班学员一起做这个练习，他们都十分喜欢。这个练习的目的是要（重新）关注自己的资源。能在自己的履历中找到这些资源是最好的，方法是回顾过去，回忆你已经克服了哪些问题。毕竟，每个人在一生中都经历过困难与危机。当我们面对这些困难和危机时，往往会有畏难情绪。但回顾过去时，我们却可以看到自己的优势所在。我们需要的只是细心观察。

你有兴趣试一试这个练习吗？在开始之前，我们要先记住几条规则。不要过于追求完美，不必事事考虑周全。要重视自己的价值。如果你倾向于批判性地看待自己，那么就从一个仁慈的好朋友的角度来做这个练习。正如我们在"走出障碍性思维的恶性循环"一章中看到的，这可以让我们与自身保持距离，更客观地认识自己。

练习：回顾过去

让我们拿出一张大大的白纸，画一个时间轴。你可以把几张纸放在一起，也可以用一张旧墙纸或类似的东西来代替。在左侧写下你的出生日期，在右侧写下当前的日期。然后写下你到现在为止经历的高潮和低谷。想想看：

- 我在生活中经历过哪些大大小小的危机和困难？
- 我在生活中已经克服了哪些挑战？
- 我的生活中有哪些不如意的事情？

第 7 章 关注自己的优势

- 我的极限在哪里?
- 我的生活中有哪些顺利的事情?

写完之后,首先看看自己在哪些事情上遇到过个人危机,哪些事情进展得不顺利。然后在这些事情旁边,写下你是如何摆脱危机的。重要的是,要尽可能详细地描述每一件事,而且要用第一人称。例如,如果写"然后我又找到了一份工作",这还远远不够,请写下你具体是如何一步步克服困难的。以下的关键问题会对你有所帮助:

- 究竟是什么让情况变得如此困难?
- 还有谁参与其中?
- 我是如何渡过危机的?
- 具体是什么帮助了我,使我得以渡过危机?
- 其中有哪些障碍?我是如何克服的?
- 我遇到了哪些挫折?
- 是什么帮助我克服了挫折?
- 我从他人那里得到了哪些积极反馈?
- 我当时可以利用的资源有哪些?从三个不同的方面思考(总体条件、人际关系资源和个人内在资源)。

然后,再看看那些进展顺利的事情,问问自己:

- 是什么让我这么顺利?
- 我为此做出了怎样的努力?

- 当时，是什么给予了我力量？
- 我在哪些方面总能得到积极的反馈、表扬和认可？
- 我有哪些力量源泉？

然后，看看你写下的所有内容并进行总结：

- 我能够识别出自己的哪些资源？
- 它们总是在何时给我安全感？
- 在哪些情况下我可以利用它们？
- 我能为它们找到一个符号（一件物品、一幅图画、一句话）吗？

在另一张纸上再次写下你的所有资源。也许你还能找到一个幽默的符号，让你的脸上露出一丝笑意？你或许能体会到小小的幸福。接着是最重要的问题：什么可以帮助我解决当前的问题与危机？我的哪些资源可以在此刻有所帮助？

一旦你找到了应对当前危机的资源，就要采取行动。如何利用自己的优势？具体而言，你能做些什么？制订一个计划，为自己设定一个目标吧。

优势卡片

此外，心理学上的"肯定"也有助于克服困难。自我肯定可以

第 7 章 关注自己的优势

增强力量，给予自己勇气。这也有助于你摆脱消极思想，进行更有益的思考。你应该更愿意用鼓励性的语句来激励和支持他人，对自己也应该这样做。例如，试着这样说："我能做到。""我擅长做这件事。""我很可爱。""我会实现我的目标。""我会充分利用我的机会。""我已经取得了很多成就。""这次危机也会过去。""我有一个好的想法。""我很强大。"

看看这些表达是否符合你的情况，如果不符合，那就写一个更适合自己的。许多人认为，把这样的表达写在一张小卡片上，放在家里或随身携带，对自己会很有帮助。你也可以写几张卡片，如果你觉得有趣的话，还可以贴上或画上符号。这样，你的优势卡片就准备好了。

让我们再来看看 R 女士。在"回顾过去"的练习中，她意识到了自己具有战斗精神和追求目标的顽强毅力。她很清楚，她不想继续在这家公司工作了，但同时她也意识到，她受过良好的教育，拥有足够的知识，其他公司也需要她。她确信，她的亲和力和做事可靠会得到大家的肯定，就像她多年来在目前的职位上所收获的那样。她肯定地说："我很强大。"

由于她已经在目前的公司工作了很长时间，没有求职的经历，因此她不知道如何写求职信、如何进行面试。但是，她通过自己的人际关系找到了另一种资源，有人将如何重新求职告诉了她。于是，她走出了无助，重新获得了自我效能感，重新掌控了局面，基本需求恢复了平衡。最后，她找到了一份非常舒适的新工作。带着你的资源、符号和优势卡片出发吧，用它们来克服危机！

第 8 章

通往正念之路

"今天是什么日子?"小熊维尼问道。

"是今天。"小猪皮杰回答道。

"我最喜欢的日子。"小熊维尼说。

——《小熊维尼》

活在当下,而非活在"如果"和"但是"里

"你今天早上洗澡的时候在哪儿?"

"我还能在哪儿?"你反问,"当然是在浴室。在我家。"

真的吗?是这样吗?你真的完全在浴室里吗?换句话说,你是否已经远离了那些让你困扰的、不该发生的事情?或者,你是否已经远离了所有你今天必须做的事情,还是你一直停留在昨天,在为昨天的问题抓耳挠腮,在想为什么会发生这一切?或者,在为未来的困难而烦恼,思考着如何处理这一切?个人危机在你的脑海中挥之不去。

让我们再问一次同样的问题:今天早上,当你洗澡时,你在哪里?你的身体在浴室,但你的思想是否却在独自旅行?洗澡后发生了什么?你的早餐味道如何?和往常一样还是不同?你闻到早餐的味道了吗?你在哪里吃的?是坐在餐桌旁专心吃的,还是边吃边

第 8 章 通往正念之路

看电子邮件或朋友新发的帖子？或者说，你在站着思考自身命运时快速喝了一杯咖啡？又或者，你去上班的路上匆匆从面包店买了早餐，一边追着车跑一边狼吞虎咽？再或者，像往常一样，你在办公桌前读第一封邮件时吃掉了它。也许你根本不知道，今天吃了什么东西？

最近的研究表明，即使是女性，在日常生活中也不具备同时处理多项任务的能力。你无法全神贯注地做几件事情，至少有一件事会被搁置在一边。我们的大脑根本无法做到这一点，真正的多任务处理是不存在的。

然而，我们往往自认为能够同时处理不同的事情，可结果却是，没有一件事能做好，而且我们的状态也偏离了原本应有的专注状态。我们的思绪匆匆前行，又急忙后退，或者陷入"如果"和"但是"之中。"如果我采取不同的行动就好了……但是其他人会怎么想呢？"很多时候，我们就像处于自动驾驶状态一样，机械地做了一些事、想了一些事，却根本没有意识到具体做了什么、想了什么，因为注意力早已分散到别处了。你是否曾经有过这样的经历，你是清醒的，却意识不到自己在过去的几分钟里做了什么。

小时候，我们还能做到全神贯注地做事，现在却已经忘了。如果你有一个上幼儿园的孩子，或者能回忆起童年的事情，你就知道小朋友是多么擅长专注于当下。在去幼儿园的路上，什么都没有邻居家墙上爬的小蚂蚁重要。孩子们着迷了，停下来仔细观察这只蚂蚁，看它的模样，看它的腿有多细，看它如何在沙粒上挣扎……此时此刻，没有什么比这只小蚂蚁更令人兴奋的了。他们的思想只集中在这一件事情上。孩子们有时一坐就是几个小时，不愿被别人打扰。

而我们做了什么呢？我们让孩子戒掉这种"恼人的磨蹭"，拉着他匆匆去幼儿园。与此同时，我们还想着如何说服老板给我们加薪，琢磨着自己的烦恼和可能发生的其他事情。等红绿灯时，我们也会迅速掏出手机，看看还有什么重要的事情。

我们应该重拾童年的记忆，学会一次完成一项任务，而不是同时完成多项任务。也就是学会单任务处理，而不是多任务处理。我们应该重新学习全神贯注，这一点在个人危机期间尤为重要。匆匆忙忙地生活，压力并不会消失。相反，积蓄能量的电池会变得越来越空。我们需要集中精力做一件事，并从中获取力量。

这就是近年来备受关注的"正念"，这个概念已经脱离了"神秘主义"的范畴。正念来源于佛教，美国分子生物学家乔恩·卡巴金（Jon Kabat-Zinn）将其引入西方，并在科学领域得到了发展。例如，正念已被证实有助于对抗压力、抑郁和焦虑，越来越多的公司为员工提供正念培训。现在，正念已成为行为疗法的一个分支。

但是，并非一定要参加完整的培训或接受治疗，才能运用正念。你也可以利用单个的要素，关于这一点我将在下文中进行说明。毕竟，正念也是我们的内在技能之一，这种技能有助于我们克服个人危机，或者至少让我们在危机中得以喘息，其积极作用已得到科学证实。正念有助提高生活质量和健康水平。在各式各样的研究中都能看到，正念缓解了各类健康损害，如抑郁症、焦虑症、睡眠障碍和慢性疼痛。研究还证明，正念对杏仁体的活动有积极的影响。并且，保持正念还能减少反刍行为。

正念具体是什么

正念最常用的定义来自乔恩·卡巴金，包括"当下""刻意""不评判"三大要素。

第一个要素意味着你要全神贯注于当下的时刻。也就是说，你要全神贯注于此时此地，而不是昨天或明天。你应该专心于当下正在做的事情，洗澡时就洗澡，吃饭时就吃饭。

第二个要素是指刻意地行动，即关闭自动驾驶仪，积极地将注意力集中在当下，集中在你正在做的事情上。即使分心了，也要重新集中注意力。

第三个要素是不评价你所感知到的事物。这往往是最难的，因为我们已经习惯了对事物进行分类或比较（"这个不好""这个更好""我不喜欢这个")。但其实，当我们意识到自己在评判事物时，就已经是正念了……简而言之，正念的意思就是刻意地将所有注意力集中在当下，而不带任何评判。

对我来说，还有第四个要素，那就是你应该尽可能调动五种感官来做这件事。总结下来就是：尽可能用上五种感官，刻意地、不加评判地将所有注意力集中在当下。

你可能会说，说起来容易做起来难。怎样才能付诸实践呢？正念练习分为正式练习和非正式练习。正式练习是指我们专门花时间，进行特定的练习，通常会有人给予详细的指导。非正式练习是指我们将正念融入日常生活中，做任何事情时都保持正念。无须特意安排额外的时间，只要利用当下来进行正念练习即可。对我来说，后者并不像一项具体的练习，更像是长期养成的一种态度。这就是为什么"练习"一词在这里有些误导。需要强调的是，正念练习的目的是减轻压力，并不是让人完全放松。正念练习要专注于你正在做的事情，不可心不在焉。

正式的正念练习

最著名的正式练习是"葡萄干练习"，它经常被用作正念练习的入门。这个练习讲的是如何调用五种感官，正念地感知一粒葡萄干。首先触摸它，然后看它、闻它、听它、品尝它。你可以在网上找到许多关于这个练习的描述。如果专门花时间做，这就是一项正式的正念练习，通常需要 15 分钟左右。当然，如果你正在用餐，也可以把注意力集中在吃的东西上，这就是一项非正式的练习。你可以对着即将送进嘴里的一勺汤，简单地看上 15~20 秒钟。然后，你可以仔细观察并感知，闻一闻、听一听、舔一舔，最后尝一尝。尝试做非正式的练习，我们就不必再为了吃一粒小葡萄干而安排 15 分钟。

另一种正念练习是呼吸练习。和葡萄干练习一样，它既可以是正式的，也可以是非正式的。

练习：正念呼吸

做这个练习时，请专注于呼吸。保持安静，关闭任何可能干扰你的东西（手机、滴答作响的钟表）。舒适地坐下，身体后仰。先阅读下面的说明，然后开始练习。别担心，说明并不复杂，很快就能记住。开始练习时，请闭上眼睛。记住，不要做任何其他事，只集中精力做这个练习，让我们开始吧。

现在，将注意力完全集中在呼吸上，用心感受气息的流入和流出。留意每次呼吸时，你的腹壁和胸腔是如何运动的，关注整个吸气和呼气的过程。你什么都不用做，呼吸自然会发生。只需注意吸气和呼气，以及腹壁和胸腔的运动。你或许还能感受到，吸气和呼气时鼻腔中的气流。

> 如果你觉得这个练习很奇怪,如果你脑海中出现的想法是练习以外的事情,不妨也把它们感知为想法,想法只是想法,让它们像天空中的云朵一样游移吧。注意到这些想法,就意味着你在正念。
>
> 然后回到你的呼吸上,保持有节奏地呼吸,注意腹壁和胸腔的起伏。像这样坐一会儿,关注你的呼吸。
>
> 当你想结束练习时,按照自己的节奏伸展一下,然后重新睁开眼睛(如果你闭着眼睛的话)。

你也可以在其他地方做这个练习。例如,在超市排队结账时、堵车时、坐火车时或等人时,都可以做呼吸练习。如此一来,原本正式的正念练习就变成了非正式的正念练习。

另一个众所周知的练习是身体扫描。练习时,你要全神贯注于自己的全身,从头到脚。注意你在身体不同部位感知到的东西,不要对不同的感觉做出评判。如果你有"是什么在扯我"或"好痛"的想法,不要继续追问,而只是把它作为一个想法来感知。即使你意识到自己的思绪在游离,这也是正念。在这种情况下,把注意力拉回到你目前所关注的事情上,即关注你的身体。

还有许多其他正念练习,如坐禅或行禅等。这些练习都有详细的介绍,在互联网上可以找到大量的练习,在此就不一一列举了。

非正式的正念练习

现在,我想介绍的是非正式的正念练习。如前所述,你不必花额外的时间去练习,正念很容易被融入每天的生活中。我们的思绪经常飘忽不定,尤其在那些不需要我们全神贯注的活动中,我们会把自己带入另外一个世界。因此,运用正念将自己拉回现实,做自己正在做的事情。例如,在淋浴时,你可以有意识地将注意力集中在淋浴上,带着这样的想法去淋浴。这样,你就可以精力充沛地开始新的一天(如果晚上洗澡,也可以是夜晚)。也许你有兴趣尝试一下这种练习,停止自动驾驶模式,恢复手动模式吧。

练习:正念淋浴

当你打开淋浴器时,听听它的响声。水开得很小和开得很大时,声音是否有变化?水流到你的身上时,是什么声音?流到地面上时又是什么声音?

注意感受水流到皮肤上的触感。仔细感受背部的触感、手臂的触感和头部的触感。也许你还可以改变水流的强度,例如将淋浴喷头靠近皮肤,然后再远离皮肤。感觉有何不同?同时,注意感受皮肤上水温的变化。

> 现在，在嘴里含一口水，**品尝水的味道。**
>
> **观察水**。从淋浴喷头喷出来的水是什么样子？水流到身上是什么样子？你能分辨出皮肤上的每一滴水吗？
>
> 你用沐浴露和洗发水了吗？它们在你的皮肤上是什么样子的？你能看到泡沫顺着身体缓缓流下吗？注意淋浴的水是如何慢慢消失在排水口的。
>
> **闻闻水的味道**。如果你用了沐浴露和洗发水，深吸一口气，闻闻它们是什么味道？
>
> 洗完澡后，你也可以仔细感受用毛巾擦拭身体的过程。

这场淋浴可以而且应该对你产生了双重的影响，即精神和身体同时焕然一新。还有什么比神清气爽、精力充沛地开始新的一天更好的呢？但恰恰是在个人危机期间，很多人说早上洗完澡后非常疲惫，很想重新回到床上睡觉。他们在洗澡时心不在焉，在这10分钟里已备感压力，而且这些压力可能会持续一整天。如前面的章节所述，我们的想法会开启一个压力循环，产生大量的压力荷尔蒙，让杏仁体忙个不停。因此，第一场战斗在洗澡时就已经打响。所以说，花10分钟，认真洗个澡，然后神清气爽地从浴室走出来，这更令人愉悦。这样，我们至少可以从危机中得到短暂的休息。

第 8 章 通往正念之路

　　这种非正式的练习基本上可以在生活中的任何场合进行，甚至可以在每天都做的小事中进行。偶尔暂停一下，花点时间注意你所在的位置和周围正在发生的事情，试着用尽可能多的感官去观察周围的环境。想象向一个盲人描述一切，这么做会很有帮助。如果你的眼睛会说话，它会怎样讲？这可以锻炼你的感知能力。然后，再想象如何向没有嗅觉的人、没有味觉的人描述周围的一切。通过正念练习关注自己的生活，下面是一些如何将正念融入日常生活的建议：

- 起床后仰卧片刻。听听外面的声音，感受躺下时头部、肩膀、背部和腿部与床垫接触的感觉。然后慢慢地站起来，感受脚底接触地面的感觉。
- 刷牙时保持正念。注意牙刷的触感、牙膏的气味和泡沫的浓度。
- 早餐时，把注意力全部集中在食物上。吃饭的时候就只吃饭，不要做其他的事情，当然也不要写电子邮件。注意食物在嘴里的感觉。食物是什么味道？闻起来怎么样？咀嚼时的感觉如何？
- 烹饪时全神贯注。胡萝卜拿在手里是什么感觉？切的时候闻到了什么气味？
- 当你坐在花园里时，仔细观察一朵花。它长什么样？气味如何？

- 走路或骑车时，注意感受空气或风拂过皮肤的感觉。
- 将衣物放在阳光下晾晒，留意干净衣物的味道。
- 赤脚走过夏天的草地。感受两只脚如何抬起、如何落下，又如何慢慢地走起来。感受小草接触皮肤时痒的感觉。或者，赤脚走一走周边的小路，感受脚的触感。
- 有意识地感受四季。花朵、空气和新修剪过的草坪，它们闻起来是什么味道？阳光照在皮肤上的感觉如何？你听到什么声音了吗？
- 在超市结账时，不要像往常一样因为排错队而恼火，看看你前面的人的购物车。他买了些什么东西？它们看起来如何？那些东西是如何摆放的？
- 晚上坐在沙发上时，可以注意房间里的东西。别看电视、别看手机、别看平板电脑，环顾房间四周。挂在墙上的画究竟是什么样子？上面画的是什么？用的什么颜色？
- 工作时，也可以创造一些正念的时刻。看看窗外，你看到了什么？或者，看看你一直在用的办公用品，就像第一次看到它一样，譬如一支笔。它是什么形状的？上面写了什么？

正念的原则始终如一：专注于当前的活动，并尝试运用不同的感官去感受。如果出现其他想法，那就及时留意到这些想法，并允许它们飘走。

打破惯例

在做正念练习时，打破惯例，做一些与平时完全不同的事情，也会很有帮助。这样做，你自然就能从新的视角看到不同的事物。例如，比平时早一站下车，步行回家；开车上班时，换一条路线；晚上吃饭时，坐在不同的椅子上，家里每个人都可以换座位。许多人表示，这样做能让他们更容易将思绪集中在此时此地，并做到心无旁骛。

在内心里后退一步

遭遇困境时，正念可以帮助你在内心里后退一步，远离正在发生的事。这可以让你获得一些距离感和平静，从而能够更冷静地处理问题。乔纳森·斯威夫特（Jonathan Swift）说："事实上，很少有人活在当下。大多数人都在准备着，准备活在不久的将来。"你的过去无法改变，你的未来尚未到来，你只存在于当下。你可以在此时做些事情，让自己感觉好一些。

当然，你不应该仅仅活在当下。很多时候汲取过去的经验教训以未雨绸缪，也是有意义的。不为老年做准备，不考虑明天，未来的生活不会愉快。但是，如果你已经全然不在当下，如果你的思绪大多都飘向了遥远的未来，那么是时候重新关注当下了。这样，你至少可以稍微平静一些，尤其是在你面临个人危机的时候。或许，你可以做到珍惜当下，体验微小的幸福。如你所知，在危机期间这是被允许的，也是符合人们需求的。

> **练习：制订正念计划**
>
> 将正念放到你的生活计划中，下面这个练习表可以帮你制订计划。和很多事情一样，你应当定期练习，这样才能看到长期的效果。
>
> **周计划**
>
> 为了将更多的正念带到我的日常生活中，我想做些什么？我正在尝试以下正式的练习：
>
> 练习：_____
>
> 时间：_____
>
> 我想把以下非正式的练习带到我的日常生活中，可以在何时何地进行练习？
>
> 我计划做：
>
> _____
>
> _____

第 8 章 通往正念之路

我会在以下时间进行这个练习：

_____

_____

今天，我完成了以下正念练习：

_____

_____

完成正念练习后我的感受：

_____

_____

第9章

在危机中寻觅幸福时刻

无论如何,我学到了一些东西:如果你想要快乐,快乐必须来自你自己的内心,而不是别人。

——瑞典文学家 阿斯特丽德·林格伦

快乐时光

你慌里慌张地在家里跑来跑去,寻找充电线。你拉开所有的抽屉,却怎么也找不到,你的手机快要没电了。也许在你的包里?你急忙清空包里的东西,但包里什么也没有,你变得越来越焦急。这个场景熟悉吗?当手机电量即将耗尽时,我们才想到要赶紧充电,为此总会折腾一番。在遭遇困境或个人危机时,我们常常会忘记照顾自己。就像手机的电池一样,我们经常忘记及时给它充电。

在面对危机时,有些人甚至不愿意让自己感觉好一点。个人危机通常伴随着持续的痛苦,我们常常忽视自己的基本生理需求,更不用说心理需求了。我们忘了吃饭和喝水,放任自己陷入情绪中,毫无规划地度过每一天。突然发生的事情打乱了日常生活的规律,甚至连早上起床都成了难事。我们认为,哪里有危机,哪里就没有快乐。我们自己的所作所为,有时会让自己更加不快乐。危机发生

第9章 在危机中寻觅幸福时刻

时,为了防止生活进一步失去平衡,保持身体健康极其重要。同时,要维持有条理的日常生活,需要找到(新的)生活规律,并开展有益的活动。

每天有 86 400 秒,那就是 86 400 个让自己快乐的机会。如果减去 8 小时的睡眠时间,还剩 57 600 秒,健康的睡眠也能让你快乐。特别是当你面临个人危机时,最好不要每天都把注意力放在那些烦恼的事情上。扩大视线范围,关注危机中令人愉悦的事情,那会对你很有帮助。这样,你就可以做一些对自己有益的事情,用其他事情填满生活,让自己从问题中解脱出来。

于是,你就能在危机中体验到小小的幸福时刻。短暂的快乐,把你的注意力从压力中转移出来。小小的幸福时刻积累在一起,快乐时光就会变多。这能给你的电池充电,给你战胜危机的力量。关于危机期间的"快乐时光",我有如下建议。

简简单单地坐着,就能让人快乐

我们能够享受的,不一定都是大事。阿斯特丽德·林格伦(Astrid Lindgren)有一句话说得特别好:"人也需要有时间,只是坐在那里,看着眼前的一切。"这是我最喜欢的名言之一,简简单单地坐在那里,看着眼前(当然,不要反刍),享受当下,品味幸福时刻，为自己充电。洛里奥（Loriot）[1]的一个精彩片段很好地描绘了这个场景。赫尔曼坐在客厅的扶手椅上，他没有什么特别的想法，只想简简单单地坐着，这样做让他感觉很好。他的妻子却不理解这种行为，她在厨房里忙上忙下，还不停地通过敞开的门向他喊话，告诉他可以做什么。但赫尔曼只想坐着。大家可以在网上观看一下这段视频（搜索"Ich will hier nur sitzen"）。我认为这段视频棒极了，也许也能让你面露微笑。

在一场研讨会的首日，一位正在经历职业危机且抱怨自己失眠的与会者 N 先生说，他无法在晚上懒洋洋地坐在沙发上无所事事。他有一种负罪感，无论如何都无法享受这种感觉。他总觉得自己必须有所行动，必须去处理问题，至少做一些有意义的事情。他既没有时间，也没有闲情逸致坐下来放松。但在研讨会期间，他意识到，没有人能够真的什么都不做，因为人总是在做一些事情。当我们坐在沙发上时，我们就是在做事。我们坐在沙发上，给我们的电池充电，这是一项非常有益的活动，特别是在个人危机期间。

顺便提一下，N 先生也意识到，他的问题不会因为不断思考而得到解决。恰恰相反，如果休息一下，他就可以与问题拉开距离，然后用完全不同的方式来看待这个问题。第二天，他说他在前一天

---

[1] 原名 Vicco von Bülow，德国著名滑稽演员、导演、漫画家、作家。Loriot 是德国人对他的爱称。——译者注

晚上将讨论的内容付诸实践了。当他在沙发上简简单单地坐着时，他认为自己在做一件有意义的事情，他能够享受其中了。很久以来他第一次能够在晚上放松下来，他已经很久没有像那天晚上睡得那么好了。

在德国，"无所事事"一词带有负面含义。而在荷兰语里，这种状态被称为放空。听起来好多了，不是吗？在荷兰，放空成了一种潮流，而这种潮流即将传入德国。所以，为什么不试试放空呢？一连几个小时坐在沙发上，因为你想不出别的事情可做，因为你不知道自己该做些什么，也许是在反刍，也许是在闷闷不乐——这不是放空的本意。在这种情况下，你应该看看下面"条理使人快乐"这一小节的内容。关键在于，你要有意识地坐在那里，这是你计划之中的事，你主观地想让自己走个神。那么，不妨就享受一下现在这一刻，也就是放空一会儿。除此之外，你还可以为你的快乐时光做更多的事。

比较悖论：向上比较使人沮丧，向下比较使人快乐

在个人危机发生时，我们经常向上比较，我们的目光落在那些（表面上）比我们过得更好的人的身上。我们认为他们有更多的钱、更好的工作、更好的房子、幸福的婚姻、欢乐的孩子和健康的身体。他们没有经济上的烦恼、没有被裁员、没有被伴侣抛弃、家里没有人去世、也没有人生病，他们过得更幸福。这种比较能帮助

你克服自己的危机吗？即便没有个人危机，这种想法通常也会让你觉得郁闷。而且，这种想法通常没有依据，原因主要有以下三个。

第一，你是如何得出"别人过得更好"的结论的？你是怎么知道的？你能从表面推断出他人的内心状态吗？你如何判断别人是快乐还是不快乐？即使一个人表面看起来很幸福，他也不一定就是真的幸福。对于那些你拿来做比较的人，你了解多少呢？

第二，你总能找到比自己过得更好的人。总有人没有生病、没有被抛弃、没有遭遇车祸。所以，你总是自愧不如，总是不断提醒自己还有哪些（所谓的）不足，总是觉得自己比别人差。

第三，你的标准是什么？与他人比较时，你不再关注自己，而总是关注他人。你不审视自身，也不思考自己真正需要什么才能（重获）快乐，你的探测器永远指向外部。你的目标是（重获）快乐，而这些向上的比较通常让自己不快乐。你应该停止这样做，特别是在危机中。毕竟这解决不了问题，还会让你感觉越来越糟。

如果你想与他人比较，你可以向下比较。也就是说，你要与比你情况更糟的人进行比较。通常向下比较可以把我们拉回现实，还会让我们意识到，自己的情况并没有那么糟糕。尤其在个人危机期间，这样做可以减轻一些痛苦。

有很多人，他们的钱更少、工作不好或根本没有工作、住的房子更差、孤身一人而且疾病缠身。他们的经济烦恼比你更多，也比你更不快乐。但是，等等！并不是所有人都不快乐！什么让我们快乐，什么让我们不快乐，只有自己才能决定。但是，这种比较是否能帮助自己克服危机呢？有可能！这样想或许能让我们更客观地看待痛苦，或许能让我们意识到不一定非要成为最幸福的人。

用伊壁鸠鲁的一句话作为小结：智者不为自己没有的东西忧愁，而为自己有的东西喜悦。

请你思考一下：

- 你经常向上比较吗？
- 你在哪些情况下特别容易这样做？
- 你的感受如何？
- 你是否也会向下比较？

这些问题直接引出了下一个重要话题。

感恩使人快乐

你每天有多少时间在处理顺利的事情？你对什么心存感激？当诸事不顺时，我们往往会只关注生活中不顺心的事情。突然之间，能看到的只有问题和困难，一切都是负面的。这种想法好吗？我们对生活和自己是不是有些不公平？这可能会让我们感到越来越不顺利，好像整个世界都在与我们作对。值得注意的是，当我们不顺心时，总是说世界不公平；而当我们过得好时，则不会这么说。

如果你有这种想法，那就应该有意识地拓宽自己的视野，多去关注生活中的美好事物。具体的做法因人而异。例如，我们可以对生活的总体环境心存感激，即使没有个人危机也可以这样做：我们的国家没有战争、我们没有生活在地震带上、我们可以自由地表达自己的观点、我们生活在一个有社会保障和社会福利的国家，以及我们的超市货架上总是有充足的货物。除非发生大流行病、厕纸用完了这样的特殊情况，我们还可以感激生活中的许多美好事物和个人生活条件：舒适的床铺、每天早上从水龙头里流出的温水、遮风避雨的屋顶、邻居的亲切话语、干净的衣物、洒在皮肤上的阳光和正常运转的暖气。然而，我们在经历个人危机的时候，却往往很难做到心存感激！

也有很多人反对这个看法，他们会说他们实在找不到感恩的理由。我要说，正是现在！我们恰恰应该在面临危机时心存感激，比如感激专业的医生给了很好的建议，让我们对自己充满信心；感激医院里细心的护士；感激悉心照顾自己的朋友；感激同事的理解；感激事故结果没有我们最初想象的那么严重；感激伤口愈合得很好；感激今天的疼痛比昨天轻了一些。当然，还可以感激生活中的小确幸，比如新鲜出炉的面包的香味、窗外鸟儿欢快的鸣叫和刚刚修剪过的草坪。

第9章 在危机中寻觅幸福时刻

关注积极的一面,而不是只想着不顺利的事情,这非常有益。维克多·弗兰克尔在前面提到的《活出生命的意义》一书中也写道,"即使是一些微不足道的事情,也能带来很大的快乐。"他和其他被拘押者在意识到他们"只是"被送往达豪集中营而不是毛特豪森集中营之后,跳起了"欢乐之舞",因为毛特豪森集中营更加臭名昭著。把感恩作为一种态度的人是幸福的,他们不会觉得事情是理所当然的,而是会自主发现和欣赏日常生活中的那些小小财富。

大量的科学研究证实,心存感激对提升幸福感有非常积极的影响。其中一项研究成果指出,如果抑郁症患者每晚都记录下一天中的美好瞬间和令自己心怀感激的事情,其抑郁症状便会有所缓解。此外,其他的研究还针对感恩在工作压力、慢性疾病、睡眠障碍、癌症、经济困难以及反刍思维等方面产生的影响展开了调查。调查发现,有意识地寻找让自己心存感激的事物的人,能够更好地应对上述困难。药物治疗往往需要持续一段时间才能看到效果,学习新技能也是如此,不能一蹴而就。心存感激地生活,同样不会有立竿见影的效果,但只要我们持之以恒,就会得到丰厚的回报。

这些研究结论着实令人欣喜,因为感恩是一件容易做到的事情。你不必去找医生开处方,不需要复杂昂贵的设备,不需要额外的假期,不需要投入大量的金钱,也不需要参加培训班。感恩这件事,任何人都可以做到。有些人只是暂时失去了感恩的能力,但

（重新）学习这项能力并非难事。只要你开始观察周围的环境，关注那些美好的事物，当你发现第一件值得感恩的小事，你的视野就会变得更加开阔，随后就会发现更多值得感恩的美好。

很快，你就会拥有一连串的小小财富。久而久之，感恩就会成为一种习惯。大脑中关于感恩的通路会越来越宽，往后你就能更轻松地调用它。尤其在危机时刻，当你不仅能看到负担，还能看到积极的事情时，这对你大有裨益。事实证明，秉持这样的态度，能减少你的负面情绪，让你体验到更多的快乐。最后，我想用弗朗西斯·培根（Francis Bacon）的一句话作为结束语："并非快乐的人才懂得感恩。而是懂得感恩的人才会快乐。"你是否迫不及待地想试一下？那么不妨做一做下面的练习。

练习：感恩记录

请准备一个玻璃瓶和一些小纸条。每晚，在两张小纸条上，分别写下当天要感恩的两件事，写好后把纸条放入瓶中。同时想一想，为什么要感恩。如果某天晚上实在想不出要感恩的事，可以翻阅瓶中的纸条，这些纸条能唤醒你那些珍贵的记忆。瓶子装满之后，你可以换一个新的，也可以把现在的瓶子清空，将纸条贴在一本漂亮的小册子里，然后再用新的纸条把瓶子装满。

第9章 在危机中寻觅幸福时刻

善待自己使人快乐

我们往往是自己最严苛的批判者。尤其在遭遇个人危机时,许多人对自己的要求,远远超出了他人对自己的期待。我们责备自己为何会陷入危机,为何不能更快、更好地克服困境,为何显得如此软弱。许多人谈论自己的方式,有时甚至会让旁观者感到震惊。他们使用的言辞和语气,是他们绝不会对他人使用的。

当被问及如何面对有类似经历的好朋友时,他们的回答总是充满尊重。他们表示,会告诉朋友事情并没有那么糟糕,对处境无能为力也是正常的,并告诉朋友要照顾好自己,善待自己。然而,当被问到为什么在同样的情况下不对自己说这些话时,大多数人第一次意识到自己采用了双重标准,他们对别人比对自己更为宽容。

在危机中,我们的大脑对威胁异常敏感,战斗逃跑系统会被激活。由于周围没有其他人,我们往往会将矛头指向自己。我们认为痛苦是自己造成的,然后开始攻击自己,直到将自己击溃。然而,在面临个人危机时,我们没有必要激活战斗逃跑系统,自我苛责会进一步刺激战斗逃跑系统,从而为杏仁体增加工作负荷。我们应该试着让自己平静下来,用自我关怀代替自我苛责。

在危机时刻,如何对待自己至关重要。但如何才能学会亲切友好地对待自己呢?这往往说起来容易做起来难。首先,我们需要意识到自己并未善待自己,这一点常常被忽视。解决这一问题的良方是"自我关怀。"美国心理学家克里斯廷·内夫（Kristin Neff）是这一领域的先驱研究者之一，她为此制订了训练计划。那些对自己表现出更多自我同情的人，他们对生活的满意度更高，同时能更有效地避免抑郁、焦虑和压力的困扰。

在面对个人危机带来的压力时，如何才能对自己表现出更多的同情呢？首先，需要承认自己的处境很糟糕，彻底接纳现实。接着，为了激活自我同情，你可以问自己这样的问题：如果是好朋友，我会对她说什么？我会怎样和她讲话？我会用什么声音、什么语气与她交谈？在这样的困境中，她需要什么支持？下一步我该怎么做？我现在要说些什么富有同情心的话，做些什么富有同情心的事？

然后，你可以用温和友善的语气对自己表示同情："这很艰难，但你并不孤单。我相信你，你能做到。"你对自己说什么并不重要，重要的是你对自己说话时的语气。意识到自己不是孤单的同样很重要。痛苦本就是人类生活的一部分，每个人都会经历个人危机。此时此刻，世界上也有其他人正经历着相似的感受，这种共鸣能让你摆脱孤独感。

有些人担心，若对自己遭遇的危机表现出同情，可能会变得更加软弱。过度的自我同情，会不会给采取行动带来阻碍？会不会让人深陷危机之中而忘记采取行动？科学研究表明事实恰恰相反，过

第9章 在危机中寻觅幸福时刻

度自责反而更容易使人陷入困境。缺乏自我同情的人,往往在负面情绪和想法上消耗了很多精力。当你围绕着痛苦打转时,你就没有能力去思考、去解决,甚至没有精力去积极应对。这种状态会让你感到精力枯竭,陷入无法行动的困境。

我们从上文关于反刍的介绍中已经知道:当我们只围绕着问题的原因思考时,工作记忆会处于饱和状态,我们就没有空间去思考解决方案了。具有自我同情能力的人,比缺乏自我同情能力的人更快乐,这种积极的想法让他们有更多的精力去采取行动。因此,在面对自己时,让我们多一点善良、理解和包容吧,用适当的语气与自己对话吧!

运动使人快乐

运动?我现在真的没有时间运动,也不想去运动。特别是在个人危机时期,更难动起来。即便连孩子都知道,体育锻炼对心血管功能、血压和许多其他身体指标都有好处。更重要的是,运动对心理健康同样具有显著效果。运动有助于产生积极情绪,有助于增强控制感、自我效能感和自尊心水平。而且,运动有助于缓解抑郁症。一项针对50岁以上的抑郁症患者的研究表明,运动所产生的治疗效果,甚至能与抗抑郁药物相媲美。

运动还有助于更好地应对大流行病可能带来的压力。一项在多个国家进行的研究发现,在新冠病毒大流行期间,坚持锻炼的人总体上抑郁程度较低，与不锻炼的人相比，他们感受到的来自疫情的压力更小。

世界卫生组织建议，每周至少进行 150 分钟的适度运动。如果你尝试过多种运动方式，还是毫无兴趣，那么就不要违背自己的意愿去做，那样只会徒增压力。即使是轻度的运动，也对身心健康有着积极的影响。因此，即使你不爱运动，也要定期散步，并尝试在日常生活中加入更多的活动，比如用走楼梯代替搭乘电梯。

有条理的生活使人快乐

在个人危机期间，许多方面都会发生剧变。突然失业在家、心爱的伴侣因死亡或离婚而离开、自己的小公司破产、孩子离家出走等种种变故，它们都有一个共同点，那就是我们会突然失去原有的生活节奏、秩序和目标。

有时候，我们会陷入一种让自己愈发不快乐的状态。例如，早上在床上躺很久，不是因为想休息，而是因为情绪沮丧；起床后，只是简单地刷刷牙，甚至连牙都不刷；接着穿前一天穿的 T 恤衫；打开电视，仅仅因为希望有人陪伴，或者一直停留在一个频道上，或者来回换台；吃饭时间毫无规律，而且坐在沙发上吃。

当你留意自己和自己的情绪时，便会发现两者之间存在一种明显的关联：越是缺少有意义的活动，你的情绪就越糟糕！我们缺乏

第9章 在危机中寻觅幸福时刻

清晰的条理、明确的目标和成就感,而这些是我们摆脱危机的关键要素。我们很难适应新的状况,对许多人来说,因失去的事物感到绝望和悲伤,会让这种不适应的情况变得更加严重。

清晰的生活条理是在多年的生活中形成的,贯穿在生活的方方面面。一些日常任务,让我们的生活有规律、有依靠、有意义。我们从没想过其他生活方式。所以,危机来临时,我们很难弄清楚自己想做什么,或者能做什么。那么,如何才能重新过上正常的生活呢?

首先,你应该重新梳理生活,让其重新变得有条理。做到有意识地在合理的时间起床。保险起见,你最好设置闹钟,并且每天都在同一时间起床,周末可以略晚一点。这种规律性的作息有助于你找回生活的条理,尽可能地让生活恢复正常。毕竟,这种"周末常态"也是你所期待和感恩的。

即使是独居,早上也应该为自己布置好餐桌。我曾与一位年过八旬的独居者为邻,她每顿饭都会精心地为自己布置餐桌,铺上餐巾,还会摆上鲜花。经常有人问她,为什么一个人还要费心做这么多事。她回答说:"我值得为自己这样做。"难道因为丈夫去世,她孤身一人,她就该惩罚自己,不让自己过上好日子吗?她是一位了不起的女人,她的做法是正确的。她做到了享受日常生活中的小事,重视自己,也善待自己。

一天的生活需要有条理，正餐就起到了这样的作用。正餐的时间是划分早上、中午和晚上的时间信号，让我们的生活有了清晰的条理，我们应该遵循这种条理。此外，考虑到我们对方向和控制的基本心理需求，我们还应该保持对生活的控制感，有意识地去做生活中的每一件事。比如打开电视这件事，只有当你真的想看某个节目时，再打开电视。节目结束后，也要有意识地把电视关掉。

少用媒体使人快乐

智能手机的使用也是如此。你应当从社交媒体中抽离出来，给自己一个喘息的机会。在危机期间，我们往往过于关注危机本身。当地震、坠机、海啸或大流行病等灾难发生时，我们会关注所有的新闻报道；如果是个人危机，我们则会在互联网上搜索一切可以找到的信息。这样做的目的是让自己感到安心，让自己了解相关情况，让自己觉得正在采取行动以控制当前的局面。

然而遗憾的是，结果往往适得其反，我们非但没有更安心，反而变得愈发焦虑不安。我们中的一些人，常常在互联网上浏览几个小时，阅读与危机有关的一切内容。尤其在那些论坛上，我们仔细查看每一条评论，好像那里有一万个专家在讨论同一种疾病。每个专家都知道一些不同的东西，拥有更多所谓"真正有价值"的信息，知道在特定危机中可以使用的特殊方法，以及某个你一定要去找来看的学术权威。这有点像一场输了的足球比赛，突然冒出数

第 9 章　在危机中寻觅幸福时刻

百万名教练，仿佛每个人都知道这场比赛本该如何获胜。

不过，千万别误会我的意思。了解自己的情况和疾病很重要，也很有帮助。但是，有时候"少即是多"，过度地追求确定性，反而会带来更多的不确定性！想想看，你获取信息的来源都是哪些人？很多人非常看重论坛上的评论，但我们连那些评论是谁写的都不知道。当被问及是否会向邻居请教处理危机的方法时，许多人断然否认，并强调他们当然不会这样做，因为邻居不是专家。但也许他们极为重视的网上评论却是邻居写的呢？这谁说得准呢？我们在翻看这些论坛时，应该更加谨慎，最重要的是要少看。这样我们就不会这么焦虑，在处理自身问题时能更具建设性。

日常生活中的小事使人快乐

你可以从小事入手，设定一些小目标，通过实现这些目标来创造成就感。这不仅能让你感受到成功的喜悦，还能满足你对快乐和自我价值感的追求。有时候，这些在小事上获得的成功，这种感受带来的满足感远比工作中成功完成第 20 个项目还要强烈。想一想，我擅长什么？我一直想做的事情是什么？我过去喜欢但最近却遗忘了的事情是什么？同时，规律的日常生活也很重要。可以每天在固定的时间做同一件事情，有规律的生活会让人觉得安心。虽然听起来有些不可思议，但生活中的确有很多事情可以让你感到快乐，只是不同的人对快乐的感受不同，并不是每件事都能让所有人获得同样的快乐。

下面是在日常生活中可以做的一些小事，也许这些活动中就有适合你的。

- 把香草园或蔬菜园搬进家中，播种植物种子。
- 把自己的浴室打造成疗养胜地。
- 聆听鸟鸣。你能听出哪只鸟在唱哪首歌吗？
- 在自家客厅里来一次"疯狂"的野餐。拿出一张毯子，铺在地板上，就可以开始了。如果天气好，还可以到室外去。
- 向朋友发出邀约。
- 微笑一下。看一本幽默的书，或看一部有趣的电影。
- 荡秋千。不是在脑子里想象，而是真的去荡秋千。
- 画一幅画。买一张画布、画笔和颜料。
- 给别人写一张明信片。
- 把世界风情带回家。例如，举办一个印度之夜。烹饪印度咖喱角和豆子饭，还有印度薄饼。或者去一家印度餐馆用餐。
- 把家里变成舞蹈教室。挪开家具，打开音乐，就可以开始了。或者去一家舞蹈教室跳舞。
- 去看一场电影、听一场音乐会或看一场戏剧。
- 到城里去，想象你是城市里的一名游客。坐在长椅上，吃着冰激凌，看着熙熙攘攘的人群。

第 9 章　在危机中寻觅幸福时刻

- 参与一次城市观光游,从新视角看自己所在的城市。
- 翻翻相册,回忆旧日时光,给自己的日常生活放个假。
- 去逛博物馆。附近还有哪座你不知道或是想重新参观的博物馆。
- 自制柠檬水,品尝夏天的味道。
- 去攀岩公园,爬到高处。
- 温习外语或学习一门全新的语言。
- 尝试一项新的运动。把家变成健身房,做瑜伽或其他你一直想做的运动。或者到户外去做运动。
- 从柜子里拿出棋盘游戏,玩整个下午。
- 去森林里漫步。"森林浴"健康极了。
- 重新装饰家、自己去理发、重新整理衣橱。
- 躺在草地上,留意草地的味道。你能闻到青草、空气、花朵和太阳光的气味吗。
- 看看云朵。它们在讲述什么故事?像不像一只狗在吠叫。
- 尝试做几道新菜。翻一翻或新或旧的烹饪手册。
- 练习乐器。拿出旧的乐器,或学习演奏一种新乐器。
- 唱歌吧!邀请朋友来家里唱歌。在客厅里唱卡拉 OK,或者去参加音乐活动。
- 让思绪徜徉。品味当下。
- 重拾旧书。没有什么比重读自己儿时的书更惬意的了。

- 仰望星空。
- 雨中漫步，放声歌唱。
- 给许久未联系的朋友打个电话。
- 帮助他人。想想看，谁可能需要帮助。
- 让别人开心。
- 给自己买些花，放在早餐桌上。
- （重新）发现自己的创造力。（重新）编织、钩织、做手工或做一些东西。
- 自己做果酱。这比买来的更加美味。
- 写诗、写故事，甚至写一本小说。
- 玩填字游戏，或者玩拼图。
- 专心做一件从没做过的事情。有什么是你一直想学的吗？
- 想一想今天有什么值得感恩的事情。
- 驱车前往一个小村庄，散散步，收集新故事。即使是在一个小村庄里，你也能感受到世界的精彩。
- 买一些橙子、橘子和柠檬，榨成果汁。举办一次私人品尝会，比较哪个果汁更美味。
- 向朋友、熟人或邻居询问推荐的书籍。
- 向别人推荐一本书。
- 再把这本书买下来赠予别人。
- 带着相机或手机在社区中漫步，拍下 12 张照片，之后进行编辑。

- 储藏室里还有乐高积木吗？一块儿一块儿地搭起来。你是否期待搭成的样子呢？

看看这本书，你还能提出其他什么想法吗？

我想到的其他事情：

_____
_____
_____
_____
_____
_____

第10章

帮助他人,并寻求他人帮助

> 从根本上说,赋予生命以价值的,总是与人的联系。
>
> ——德国教育家 威廉·冯·洪堡

别让危机成为孤岛

你是否曾在会谈中遇到过有人背对着你？这种情况会让你感觉如何？即使你知道对方并非有意转身，你仍然可能会感到不自在。正如前几章所讨论的，自人类进化以来，与他人建立联系一直是我们的基本需求之一。人类的生存有赖于彼此之间的紧密联系，正是通过这种联系，我们能够以群体的形式获取食物、共同抵御敌人，并在遇到危险时寻求庇护。时至今日，建立联系的需求仍是我们的基本心理需求之一。

科学研究表明，当人们感到被他人排斥时，大脑中处理身体疼痛的区域也会被激活。事实也证明，孤独会对健康产生负面影响。特别是在个人危机中，我们更需要他人的支持。

在为危机援助者构建心理急救体系的过程中，我与许多经历空难、列车事故等各类灾难的幸存者进行了交谈。不止一位幸存者向我表示："他们感到被抛弃了，他们希望得到更多的支持。"这种支持不仅是官方的支持，也包括身边人的支持。如今，像地震或火灾这样影响广泛的灾难，都会因媒体的关注而引发捐款热潮。这是好事，也是对的，但对许多受灾者来说，周围的人如何对待他们更为重要。

近亲去世、失业、意外分居、自己或近亲身患重病等重大变故往往发生在聚光灯之外。我与经历过这些创伤的当事人交谈时，常听到这样的困惑：身边的人似乎失去了应对能力，他们不知道该如何回应、不知道如何提供帮助，甚至组织不出一句得体的话语。身边人的束手无策让身处困境的当事人更加无助。

许多当事人感到，朋友、邻居、同事甚至是熟人都在躲着自己。与此同时，他们虽然能感受到他人的关心，却也发现那些善意的话语没有为自己提供帮助，有些话还带来了二次伤害。更让他们备感压力的是，周围的人似乎都在等着他们尽快走出阴霾，恢复正常的生活。

这种情况让当事人的处境更加艰难，他们感到失望、觉得自己被误解，有一种被他人孤立和被社会边缘化的感觉。即使是那些已经建立起深厚友谊的人，也会对身边亲近之人的某些反应感到失望。

例如，K 女士被诊断出癌症后，她最好的朋友突然对她不理不睬了。这位朋友曾告诉 K 女士，如果有需要随时可以联系她，但自那以后她却再也没有主动找过 K 女士。在 K 女士生病之前，她们俩一直形影不离，关系非常亲密。然而，K 女士现在不仅要面对疾病的折磨，还要承受友谊的"死亡。"她不想给朋友增加负担，但内心却备受煎熬。不过，也有一些好的事情发生，一些以前并不是很亲密的朋友开始关心 K 女士，她也因此收获了新的友谊。尽管如此，昔日好友的反应给她带来了深深的伤害，她长时间地"咀嚼"这件事，难以释怀。

由于新冠病毒大流行，M 先生不得不关闭他的企业。多年来，他将全部心血和热情都倾注其中，企业的倒闭让他无比悲伤，失去了生活的目标，他不知道接下来该如何是好。他还背负着很多债务，不知该如何偿还。尽管处境艰难，M 先生的熟人却很少与他深入地谈论这件事。他们只是简单地表达了遗憾之情，随后便迅速转向了日常话题，没有人真正关心他的近况。

W 夫妇唯一的孩子因车祸去世后，身边有孩子的朋友几乎都与他们断绝了联系。虽然许多人寄来了慰问明信片，但之后便再也没有联系过。孩子去世后，他们的社交网络也随之消失了。他们不再受邀参加以家庭为单位组织的活动。朋友们可能替 W 夫妇做了一个决定，认为他们不再愿意与有孩子的家庭来往。W 夫妇感觉到，周

第10章 帮助他人，并寻求他人帮助

围人似乎在刻意避免提到"孩子"这个词，这个词从所有谈话中消失了，就好像他们的孩子从未存在过一样。

被妻子抛弃的H先生很绝望。他不仅想念被妻子带走的孩子，还担心法律纠纷，同时对自己的经济状况感到不安。尽管如此，他始终觉得不应该让身边的人和他一起来面对。在他的观念中，他必须特别坚强，才能保护身边的人。

类似的情况可以写满一整本书。尽管当事人可能也获得了一些支持，但对他们而言，这些支持常常被负面经历所掩盖。心理学家将这种情况称为二次创伤。事件发生后孤立无援，得不到任何支持或帮助，是人们难以接受这段经历的原因之一。缺少周围人的支持，会让负担变得更加沉重，犹如巨石压肩。许多研究表明，缺乏社会支持会导致更长久、更强烈的应激反应，当事人需要更长的时间才能走出来。

许多人尚未意识到陪伴的重要性，但科学界已经证实，社会支持对个体的影响至关重要。当受影响者获得更多有效的社会支持时，他们往往能够更好地应对生活中的重大变故。周围人的帮助不仅可以促进疾病的康复，还能降低因病死亡的风险。具体而言，获得情感支持的人，其免疫功能（如自然杀伤细胞的数量）会显著增强，这有助于他们获得更佳的精神状态和更好的健康水平。

一些研究也表明，对于患有严重肾病的患者，社会支持的增加能够降低其因病死亡的概率。研究还发现，当人们不处于孤独状态时，对疼痛的耐受性会更强，而且有其他人在身边也有助于应对压力，这一点可以从大脑负责相应处理的区域看出来。

此外，创伤后的社会支持，还可以防止创伤后应激障碍的发生。

然而，在重大事故发生后，如果亲密的朋友也不再和你联系，你该如何应对？如果在面对个人危机的同时，还要承受友谊消失带来的额外压力，你又该怎么办？

帮助有什么难的

首先，值得思考的是，当别人面临压力时，为什么人们会觉得给予支持如此困难？你可能也有过类似的经历：当身边有人遇到了个人危机，我们却不知道如何应对。

面对身体上的创伤，大多数人会觉得提供帮助是件容易的事。例如，如果一个孩子的膝盖擦伤了，处理方法一目了然：清洗伤口，并贴上创可贴，创可贴最好是彩色的。如果看到朋友的胳膊打了石膏，我们会直截了当地询问发生了什么事。急救培训教会我们如何处理身体创伤，我们已经学会了这些技能，而且这类问题在社

第 10 章　帮助他人，并寻求他人帮助

会中也会被公开讨论。所以，胳膊骨折的人会得到很多关注，受伤的人也会主动寻求帮助，他们会要创可贴，会去看医生，还会自豪地在自己的石膏绷带上签名。

然而，当一个人的生活彻底崩塌时，表面看起来可能依然风平浪静。因此，对于许多人来说，如何对待有精神创伤的人，仍然是个难题。我们的脑海中会蹦出很多想法：如果他的胳膊没事，但他的母亲病重了，我该怎么办？如果他被老板解雇或被妻子抛弃，我该怎么办？我该如何对待他？如果我说了什么，会不会让事情变得更糟糕？我的同情是否合适，他是否期待我这样做？我是该置身事外，还是做些什么来安慰他呢？说点什么好，做点什么好？有合适的时机吗？精神"创可贴"该怎么贴呢？

遗憾的是，在我们的成长过程中，并没有一门专门的课程来教这些内容。人们通常对此保持沉默，避而不谈。因此，许多人发现，与经历创伤的朋友或熟人打交道非常困难。如果你询问那些与当事人关系密切的人，如家人、朋友、邻居或同事，很多人会说，他们在与当事人接触时会感到不安和无助。约有一半的成年人表示，在朋友或熟人遭遇不幸时，他们不知道该如何处理。然而，与此形成鲜明对比的是，大多数人在一生中至少经历一次创伤事件。正因如此，我希望心理健康急救课程能成为每个人的必修课。

在下文中，我将介绍可能阻碍救助者伸出援手的因素。了解这

些知识至少能让当事人明白,为什么在自己遭遇困境时,周围人似乎无动于衷。这或许也可以让他们更主动地与周围人交流,避免失去联系。在我看来,当身边的人遭遇不幸时,作为救助者,我们主要面临五大障碍。

提供帮助的五大阻碍

阻碍一:不切实际的过高期待

人们往往因为对自己抱有过高期望而无法提供帮助。事实上,并不存在万能的方法能让一切迅速恢复正常。然而,许多人却觉得自己必须快速治愈他人的情感创伤。他们希望正在经历困难的人能够重新好起来,重新开怀大笑,希望危机能够尽快结束。这种期望不仅是为了对方,也是为了自己,因为你渴望从前那个朋友回到自己身边。你希望说些什么或做些什么,让整件事变得不那么糟糕。但是,没有什么言语或行动能立刻让对方开心起来。

你不会对身体上的伤口抱有这种期望,因为你知道断掉的手臂需要时间才能长好,即使是小伤口,你也不会指望贴上创可贴就能马上愈合。我们没有意识到,即使是最好的"创可贴",也不会让情感创伤瞬间愈合。如果你的朋友得了癌症,或者她的丈夫离世,或者他有了外遇、失业,甚至失去了孩子,在这些情况下,你无法让事情立刻好转。此时,没有任何言语能够立即治愈心灵的伤痛。

这种期望与现实之间的矛盾，常常导致人们无法提供帮助。人们选择观望，而不是主动伸出援手。随着不幸持续的时间越来越长，你会逐渐意识到，伸出援手没有变得更容易，反而变得更困难了。这时，你不断思考自己能做些什么来改变现状，但却想不出任何办法，于是便陷入了只想不做的困境。

阻碍二：害怕说错话

很多时候，人们不知道该说些什么，担心说错话或做错事，让当事人感到更加糟糕。于是，他们选择沉默，避开当事人，等待着事情被时间冲淡。然而，如前文所述，等待的时间越长，就越难伸出援手。原本平坦的草地很快就会变成密不透风的灌木丛，挡住双方的视线。这就引发了另一个问题：人们觉得必须想出一个解释，来说明当初为什么没有伸出援手。

阻碍三：不确定该如何谈及这个话题

当我们想为当事人提供帮助时，我们往往不知道该如何开口。于是，我们会尽量避免使用与他的不幸遭遇相关的词语，或者急于说一些安慰的话，希望能让事情变得好一点。因为不想说错话，我们甚至有时会直接谈论其他话题。如此一来，在与当事人交谈时我们感觉如履薄冰。别担心，在后文中，你能找到一些关于该如何表达的思路，希望能为你提供帮助。

阻碍四：对自己感受的恐惧和对他人感受的恐惧

在我们的社会环境中，人们常常对自己的感受避而不谈。尽管人们能够觉察到自己的感受，但在日常生活中一旦遇到不愉快的事情或者产生痛苦的想法，就会迅速将它们抛到脑后。许多人由此产生一种错觉，觉得坏事不会发生在自己和周围人的身上，灾难只会发生在别处。报纸上的厄运是抽象的，离自己非常遥远。因此，很多人缺少处理强烈感受的经验，也不确定自己是否能够成功处理这些情绪。

当你身边的熟人遭遇危机，一些你不愿去想的事情就会突然出现在眼前，这件事变得与你息息相关。这可能会唤醒你内心的恐惧，你担心如果接近对方，自己会被情绪左右，反而会给对方带来更大的伤害。

此外，我们也害怕面对当事人的情绪。我们担心自己主动提供的帮助会引发对方更加强烈的情绪爆发，而我们却束手无策。不知道该如何回应，也不知道该如何处理，只要想到这一点，我们就会感到深深的无力，甚至羞愧不已。于是，我们把这种想法推到一边，把注意力转移到其他事情上。但这种"策略"往往难以奏效，视而不见并不会让问题消失。正如"走出障碍性思维的恶性循环"一章所描述的那样，我们试图压制的念头会更加强烈地出现在脑海里。

第 10 章　帮助他人，并寻求他人帮助

阻碍五：不知道合适的时机

许多人不愿意打扰别人，是因为他们不知道什么时候提供帮助最合适，也不知道当事人是否会接受他们的帮助。有些人希望表现得礼貌得体，便刻意避免与当事人过于亲近，想让他们"独处"，或者让他们"自行恢复"，于是选择退避。这些也可能是人们出于无奈给出的借口，他们其实是在等待合适的时机，然而根本不存在合适的时机。针对这些问题，只有一个解决办法，那就是我们应该主动走向当事人，当事人自己会向我们发出信号。

结果：对彼此的不确定、期望和失望

这会造成一种恶性循环。由于存在上述种种障碍，人们不愿意主动接近当事人。当事人察觉到周围的人不愿意接近自己时，会感到失望，进而主动回避他人，自己也不会率先迈出第一步。当事人之所以这样做，可能是因为他们没有力量去主动沟通，也可能是因为他们在等待别人迈出第一步，还可能是因为他们觉得应该体谅别人，或者因为他们不想成为别人的负担。

反过来，朋友、邻居或同事选择继续等待，这无疑让当事人更加失望，使其愈发自我封闭。如此一来，又会导致周围人更加不知所措，他们此刻完全不知道该说些什么了，他们觉得必须为自己的犹豫找出一个理由。这种恶性循环不断加剧，最终导致双方彼此都陷入沉默。

作为危机当事人,你能做些什么

即使处境艰难,也别轻易退缩,要想办法让他人来帮助自己。

别把他人的犹豫当作针对自己。 如前文所述,当身边人面对困境时,很多人不知道该如何应对。站在当事人的角度,不把别人的犹豫看作针对自己,着实不是件容易的事。但其实,这与你本身并无关联,只是你周围的人不知道该如何应对。

让自己接受帮助,不要把自己当成负担。 有时这像是一个矛盾点。一方面,没人帮助我们的时候,我们会感到悲伤和绝望。另一方面,我们接受帮助时,又怕自己成为别人的负担。在这种情况下,我们要意识到别人是愿意帮助你的。回想一下,过去你帮助别人的时候,你有什么感受?帮助别人也会让自己感到快乐。既然如此,为什么不给别人一个因为帮助你而获得快乐的机会呢?

我们在"在危机中寻觅幸福时刻"一章中提到的感恩,在这里可以进一步延伸。大量关于感恩效果的研究表明,不仅每天对自己生活中的美好事物心存感激会让人快乐,给在困难时期支持过你的人写一封感谢信,也能让你感到满足和快乐,还能进一步增进你们之间的关系。要想写一封感谢信,首先得有值得感谢的人。让自己接受帮助,事后向给你提供帮助的人表示感谢吧,他一定会备感欣慰。

别再小心翼翼。 如上文所述,很多人在交流时感觉如履薄冰,

第10章 帮助他人，并寻求他人帮助

刻意避开沉重的话题和敏感词，如同猫绕着灌木丛走路一样。请直接谈论那个被视为禁忌的话题吧。用不了多久，大家都会重新开始正常交谈。你还会发现，大多数人对此会心怀感激，随后也敢于主动追问，并且敢于谈论那些所谓的禁忌话题了。不过，要是你觉得讨论有些过度了，也要直截了当地给周围的人一个信号。

别用客套话回复（如果这对你很重要的话）。许多经历危机的当事人提到，当别人对他们说一些空洞的话语，或说一些日常寒暄、但对缓解个人危机毫无帮助的话时，他们会感到困扰。他们尤其不喜欢别人问"你好吗"，因为这是一句惯用的问候语，而且对方并没有期望得到诚实的回答。在面临个人危机时，很多人往往不知道该如何回复别人，是应该用一句客套话回复，还是应该如实说出自己的感受？许多当事人表示，如果别人想问他们面对压力时的感受，"你今天感觉如何"这个问题更好一些。因此，让我们用"你是说我今天感觉如何吗"来回答"你好吗"这个问题吧，这样会让沟通更顺畅。

把话说清楚。明确说出你需要什么，但也要说出你不需要什么，毕竟没有人会读心术。即使在正常的日常生活中，我们也很难猜到周围人的需求和愿望，在特殊情况下就更难了，尤其是面对正在经历个人危机的人，我们不知道应该做什么。因此，请直接告诉身边的人，做什么可以帮到你，同时也要告诉他们哪些事情对你没

有帮助。要是周围的人说了让你感到不安甚至受伤的话，也要坦诚地说出来。请记住，他们这样做通常是因为不知道其他更合适的做法，并非出于恶意，所以给他们一个了解你的机会。

别给自己施压。一段时间过后，身边的人可能会期望你好起来。很多经历亲人离世的人发现，朋友会劝他们向前看，比如清理衣柜里逝者的衣物，整理女儿的房间。不要让他们的话给你带来压力，每个人都需要按自己的节奏来接纳命运的安排。你要明确地告诉其他人，你还需要时间来调整自己。

总之，以这样的方式接近周围的人，并不是一件容易的事，说起来容易做起来难。你可能觉得自己缺乏这样做的勇气或力量。然而，有时忍受他人的沉默，或那些令你不适的言辞，反而需要更大的力量。请记住，我们中的大多数人还没有学会如何应对这些复杂的情况。我们在学校学到了很多知识，但没有学会如何处理这些微妙的情感与关系。因此，此时我们唯一能做的就是鼓起勇气主动靠近他人，以便维系彼此的联系。

通过多种途径获得支持

如果这些努力都没有效果，你依然退缩了，这时候该怎么办？也许目前你并没有真正亲密的朋友，也许你正希望扩大自己的社交圈。那么，你可以通过其他途径获得支持。首先，想想身边是否有可以倾诉的对象？你可以向家人寻求帮助吗？你是否有信任的同

事？或者，是否有一位邻居，你时不时会和他简短地交谈，并对他抱有好感？这些人或许可以为你提供支持

此外，你还可以寻求其他形式的帮助，每个城市里都有很多资源。例如，教会组织、市政机构或电话心理咨询服务。你可以在网上输入"心理咨询"或"心理援助"，以及你所在城市的名称，这样就可以找到相关渠道的支持。有些人认为，寻求帮助是示弱的表现，但我认为这恰恰是一种力量的体现。如果你牙疼，你会寻求帮助，而不是自己动手治疗，寻求心理帮助也是同样的道理。

为你的危机提供支持

在此，你可以思考一下，当他人给你提供支持时，你的感受如何？

问题	你的回答
你获得的支持，对你有什么积极的影响	_____
你目前还缺少哪些方面的支持	_____

❤ 问题	❤ 你的回答
■ 对于周围人给予的支持，你有怎样的感受	_____
■ 你可以主动做一些什么事情，来引导他人为你提供支持	_____

埃米莉·麦克道尔（Emily McDowell）是一名美国平面设计师，在被诊断出患有癌症后，她在自己的网站上写道，她最亲密的朋友的反应和话语常常令她恼火。于是，她设计了一些她希望收到的情感卡片，而不是她实际收到的那些话语和卡片。我觉得这些卡片很棒，我按照自己的理解翻译了卡片上的话：

"我知道，你能够回归的常态已经不存在了。但我会帮你建立一个新常态（我还会带些零食过来）。"

"我希望我能消除你的痛苦，或者至少让那些把你的处境与他们死去的仓鼠相提并论的人远离你。"

"我保证永远不会把你的病称为'旅行'（除非有人带你去

坐游轮）。"

我最喜欢的卡片是一张表达联系永远不会太晚的卡片，上面写着："真的很抱歉，我没有早点联系你。我只是不知道该说什么好。"

助人也会使人快乐

下面，我想再为潜在的帮助者写上几页。你能做些什么来克服自己的障碍呢？或许，作为当事人，你也可以和身边的朋友分享这几页的内容。

每枚硬币都有两面，就像我们面对困境时一样，一面是需要帮助的人，另一面是给予帮助的人。只要你能克服因不确定性而产生的障碍，为身处困境的人提供支持，这会让你非常有成就感。那么，如何帮助正在经历个人危机的人呢？其实，这并不需要太复杂的行动，短短五个字就足够了：在场就可以！这听起来很简单，但对很多人来说却并不容易。就像前文所述，人们常常因为自己的顾虑和犹豫而错失帮助他人的机会。

如何才能做到"在场就可以"

要做到这一点，重要的是，要真正以帮助者的身份在场。仅仅说一句"有什么需要就给我打电话"或"我会一直在你身边,随时联系"是远远不够的。这句话是假设当事人是积极的,并将责任推给了他们。然而,对当事人来说,拿起电话请求帮助需要承受巨大的压力,他们可能也不确定能从潜在的支持者那里得到什么支持,以及他们是否可以做出自己的选择。这样一来,大多数人就会选择沉默,不再联系。如果你真的想做点什么,就应该付诸实际行动。关于如何提供帮助,下面是我的一些建议。一般来说,帮助可以分为情感支持和实际的支持两种类型。我们先来谈谈情感支持。

什么是"错误"的话?你不应该说什么

我经常听到那些身处困境的人抱怨,有些人对他们说的话不仅无法理解,甚至让他们感到受伤。虽然大多数人知道这是因为不知道该说什么好,但有时候保持沉默可能比说错话更好。

人们常常试图通过说"我明白你的感受"来表达自己的理解,然而,即使你经历过类似的事情,这句话也不一定会被对方接受。每个人都是不同的,每个人的经历也都是不同的,你无法真正理解对方的感受。你能做的就是尝试去想象对方的感受,但这往往也难以成功。

人们也希望说一些安慰的话语,来减轻当事人的痛苦。比如在失去孩子后,当事人甚至会听到这样的话:"你还年轻,你可以再要孩子"或"你看起来气色真好。"这些话虽然出于好意，却可能让当事人更加痛苦。

有时，人们也会过早地展望未来。人们会说"生活还要继续""时间会治愈一切""你很快就会好起来的。"然而，在这个阶段，当事人无法想象他们的感觉会在某个时刻发生改变。这句话可能让他们觉得自己没有被重视，没有被理解。有些事情可能很快就会过去，也有一些事情需要更长的时间，甚至永远不会回到从前。

有时，帮助者想说一些安慰的话，想通过"这是命运的安排""上帝之道深不可测""塞翁失马，焉知非福"等命运或宗教的说法来为让人无法释怀的事情找到解释。然而，命运和对宗教是非常个人化的信仰，当事人在听到这些话时，并不愿意也无法想象命运的打击能对他们有什么好处。

为了让当事人更好地接受现实，人们往往会讲述自己或他人经历的更糟糕的事情，并对这些经历进行详细的描述。人们这样做的目的是想告诉当事人，他们并不孤单，其他人也有类似的经历。然而，对当事人而言，这听起来像是在说，更糟糕的事情也发生在别人身上，所以你没有痛苦的权利。实际上，不同的事情给人带来的压力是无法衡量或比较的，此外，当事人也不希望再听到更多的负面信息。

人们在提供帮助的过程中，有时会不自觉地给出很多建议，比如"你现在需要照顾好自己""你要吃得健康一点""你必须坚强"，等等。这些话可能让当事人感到被指责，觉得别人认为他们不知道什么对自己最好。

有时，人们会刻意回避与个人危机有关的某些话题或词语，担心这些会令对方不快。而且害怕一旦说出这些禁忌之词，就是在对方的伤口上撒盐。这就导致了前文所说的，双方在交流过程中如履薄冰。

我们希望当事人在一段时间之后能够走出痛苦，这样的心情是可以理解的。但是"你必须向前看"这样的话并没有多大帮助，这只会让当事人觉得自己不能再给周围的人增加负担了。

现在可以做些什么？那些举动可以帮助当事人

首先，最重要的是要认识到，你不必立刻找到一个完美的答案，也不必为当事人解决所有的问题。没有什么"灵丹妙语"是你要说的或是必须说的。你无法消除当事人的痛苦，也无法改变他们经历过的事情。事实上，你也不需要这样做，当事人并没有期望你这样做。但是，对于刚刚从暖巢中跌落的人来说，有人站在他们身边会带来巨大的安慰和支持。

这样想可以减轻你的压力，从而降低你对自己不切实际的过高期待（见上文障碍一）。你可以坦率地承认自己不知道该说什么，比如"我不知道该说什么"或"我有点词穷"就可以很好地开始对话。重要的是，所有这些话之后都要加上"但我会在这里支持你。"

总的来说，帮助者少说多听，倾听当事人的心声，了解他们的想法，比长篇大论或喋喋不休更有帮助。很多人觉得有必要谈谈已经发生的事情，所以你也不必害怕谈及敏感话题。如果有人去世了，你应该说出他的名字，而不是用隐晦的方式谈论他。如果你只说"逝者"或类似的词语，可能会让逝者显得像一件物品，这可能会对死者家属造成很大的伤害。说出名字可以保留人性和尊严。如果当事人不断重复同样的话，你也应该保持耐心。当事人需要这样的方式才能理解和处理那件事，讲述可以让他更好地整理自己的思绪。

当然，每个人的情况不同。有些人可能不想或不愿多说话，宁愿自己独自面对困境，这可能是他们处理个人危机的最佳方式。然而，这并不一定意味着当事人不希望有人陪伴，你仍然可以陪在他们身边。因为"陪伴"并不一定意味着"说话"，而是"在场。"在这种情况下，学会容忍沉默和静止非常重要。不要在对方安静时急于填补沉默，开始喋喋不休。有些人会把对方的沉默当作自己说话的机会，但这可能会破坏对方的情绪整理过程。

身患癌症的 A 女士提到，她的一些朋友只是静静地坐在她身边，什么也没说。她与其中一些人原本并不算熟悉，她也觉得不需要多说什么，因为该说的话都说过了。对她而言，能够安静地坐在一起，就足够了。这种无声的陪伴让她意识到自己并不孤单，即使她短暂地睡着了，其他人也会留在她身边。

很多人误以为不说话就是袖手旁观，其实倾听或者共同沉默就像在说："我在这里！"这种无声的支持往往比言语更有力量。

非言语交流有时也比言语更有力量。人们可以通过手势和面部表情（取决于与对方的亲近程度）来表达同情，例如握手和拥抱。此外，学会接纳他人和自己的情绪，并给予这些情绪足够的时间和空间，也是非常重要的。如果对方想要哭泣，那么应该让他们哭，因为哭泣是对压力的一种正常反应。如果对方在你面前哭泣，并不意味着你做错了什么。事实上，大多数人更愿意在让他们感到舒适的人面前哭泣，而不是在让他们感到不舒服的人面前哭泣。哭泣也可以被视为一种积极的信号。如果你发现自己也流泪了，不要试图压抑，和对方一起哭也完全没关系。但是，如果你哭得比对方还伤心，甚至需要他们来安慰你，那么你就应该考虑一下这个情景是不是超出了你的承受范围。这时，你可能需要为自己寻求额外的支持。

幽默是被允许的。我们不必一直谈论悲伤的事情，适当地与当事人谈笑也是可以的。但是，需要保持敏感性，判断什么时候是合适的时机。幽默可以帮助人们暂时与压力事件保持距离，使人从困境中抽身而出，这可以让当事人在痛苦之外体验到短暂的快乐。

有时，在门前放一朵小花、写一张卡片或发一条短信，就可以告诉对方你在想着他们。如果你觉得直接接近当事人有些困难，这种方式很适合你。哪怕是简短的几行字，也足以表达出"我在想你"的心意。这总比什么都不做要好得多。这样的小小举动，对于当事人而言意义重大。因为它传递了一个重要信息："我在这里，我在想着你，我对你现在的处境并非漠不关心。"

实际的支持

根据具体情况以及当事人受影响的程度，你可以在日常生活中提供切实的支持。无论你做什么，都应该根据你与当事人的亲密程度，保持适当的距离。同样重要的是，不要对当事人指手画脚，或者把他们当作失去行动能力的人。你应该询问当事人的意见，得到肯定的回答后再提供支持。过多的帮助也会让对方感到疲惫，甚至增加其负担，同时会损害他们的自主性和自我价值感。你还应该敏锐地察觉到对方何时希望独处。

以下是一些具体的建议，这些建议可以告诉你如何为身边遭遇困境的人提供实际帮助，其关键在于要让帮助尽可能地具体。

- 与其说"我们可以去散散步"，不如说"明天上午10点我来接你去散散步,怎么样"?

- 与其说"我可以过来一起吃晚饭",不如说"我想明天晚上过来一起吃晚饭。你同意吗"?
- 与其说"我可以帮你买东西",不如说"我明天下午要去购物,你有什么需要我带的吗"?

如果你被拒绝了,也不要生气,多向对方表示几次你想帮忙的意愿。也许是时机不对,或者是当事人还需要时间来接受这样的帮助。

以下是一些关于如何更好地提供帮助的进一步建议:

- 帮助办理手续或跑腿(根据具体情况而定);
- 协助处理棘手的电话,或者在必要的时候代为接听;
- 照顾宠物,如清理笼子、遛狗等(可以与当事人一起完成,也可以单独完成);
- 帮助做家务,如打扫卫生、洗衣、熨烫衣服或修剪草坪等;
- 为当事人做饭,或者与他们一起做饭;
- 邀请当事人来访。

即使事情已经发生了一段时间,提供帮助也同样重要。通常,在事情发生后的前几天,当事人可能要处理很多事情,而且周围可能有很多人提供支持。然而,随着时间的推移,尤其是葬礼、重大

第 10 章　帮助他人，并寻求他人帮助

疾病诊断或企业倒闭等情况，帮助者往往会逐渐减少，一段时间以后几乎没有人再关心这件事，当事人可能陷入孤立无援的境地。所以，在事情过去一段时间以后继续提供帮助，是非常重要的事。

即使你因为不确定该如何表达而很久都没有联系过对方，而且事情已经过去了很长时间，你仍然可以主动联系他们。主动联系永远不会太晚！你的态度越坦诚，就越容易赢得对方的信任。你可以坦诚地告诉当事人你之前感到不知所措，大多数人会表示理解的。

最后，最重要的一点是：你要在场！很多时候，你不需要做什么特别的事，也不需要说什么特别的话，只要你陪在他们身边，让他们感受到"我在你身边，我关心你，我会和你一起渡过难关"，这对当事人来说是无比珍贵的支持，有助于他们更好地应对这段经历。上面的清单并非详尽无遗，我们要观察对方的需求，根据具体情况思考如何帮助当事人。适时的支持，即使是很小的举动，也会产生深远的影响。

第11章

找到自信

与其诅咒黑暗茫茫,不如点亮一支蜡烛。

——英国现代护理教育奠基人

弗洛伦斯·南丁格尔

不被情绪内耗的 10 种能力

放眼未来

最后一个能力是自信。这里的自信是指在至暗时刻也相信自己可以渡过危机，重新过上幸福美满的生活。在危机刚开始的时候，我们往往无法也不愿意做到这一点。

2015 年，我在法国马赛的家庭援助中心遇到过一位家属，很少有人能像他一样给我留下如此深刻的印象。他在德国之翼航空公司坠机事件中失去了一位至亲。这名男子说，在坠机后的最初几个小时里，他只想到了人性之恶。此前，他已经在与人性的对抗中挣扎了很久，认为这个世界是冷酷的。然而，当他来到马赛的家庭援助中心后，在人生中最可怕的这几个小时里，他却感受到了许多美好。他和家人都得到了很好的照顾，没有被世界抛弃。这让他重新找回了信心，他相信生活中仍有美好的事物，他和家人一定能够战胜危机，重新找回心灵的平静。在这样的时刻，即使是作为帮助者，也唯有沉默，因为一切语言都显得苍白无力。在他最黑暗的时刻，他坚信自己会战胜危机。

在这种情况下，我们中的大多数人无法想象，自己有朝一日还能回归安乐的生活。在个人危机面前，我们会感到迷茫、无助、孤独、绝望，感觉自己被遗弃，或者感觉能量被耗尽。我们对未来一无所知。

乐观还是自信

很多人在面对困境时，很快就会听到这样的劝告：要积极思考，保持乐观，只要相信美好的事物，一切都会好起来的。可这种方式真的有用吗？积极思考和乐观主义真的能发挥作用吗？在我看来，自信往往更有帮助。或许有人觉得这是在咬文嚼字，乐观和自信真的有区别吗？是的，它们之间有很大的区别。《三只青蛙》的故事很好地说明了这一点。这个故事是由伊索寓言《两只青蛙》的故事改编而来，内容如下：

> 有三只青蛙掉进了一锅奶油里。悲观的青蛙呻吟道："哦，天哪，我们要完蛋了。"随后，它便被淹死了。乐观的青蛙则说："别担心，会有人救我们的。"于是，它等啊等，可最终还是没能逃过被淹死的命运。而自信的青蛙对自己说："现在情

况艰难，我能做的就是蹬腿。"它把头伸到水面上，不断挣扎，直到把奶油变成了黄油，最终成功跳了出来。

这则寓言深刻地揭示了一个道理：自信不是乐观。在克服危机的过程中，正视困难更具有实际意义。乐观主义者仅仅是心怀希望，他们认为只要自己信念足够坚定，就会有最好的结果，一切都会好起来的。乐观主义者这个词源于拉丁语"optimus"，意思是"最好的"，这种想法有时显得过于天真和幼稚。过度乐观就像戴上了玫瑰色的眼镜，让世界呈现出过于美丽的色彩，但有时反而会遮挡我们的视线。因此，有时乐观也会成为一种障碍。

自信的人则会采取行动。他们善于利用各种条件，内心有着明确的自我效能预期，相信自己能够解决问题。他们同时也很现实，他们并不认为一切都会好起来，而是认为无论发生什么，他们都能应对。

然而，要真正做到自信并不容易，也并非所有人都能像上文提到的德国之翼航空公司坠机事件中的那位家属一样，能在短时间内重拾自信。就拿T太太来说，她的丈夫突然意外离世，她陷入了绝望的深渊。她曾全心全意地为丈夫付出，在公司里协助他工作，两人一直朝夕相伴。丈夫的突然离世，让她的内心充满了巨大的悲伤。她的丈夫、她的工作、她熟悉的生活，一切都不复存在了。她无法想象自己还能感受到快乐，这种想法让她更加绝望。

第 11 章 找到自信

情绪的预测

我们往往难以预测自己的情绪，尤其容易高估未来情绪的强度和持续时间。当处于某种情绪状态时，我们缺乏想象力，意识不到情绪可能会再次改变，总以为它会一直维持当时的状态。这在遭遇个人危机时，负面影响尤为突出。如果我们此刻悲伤绝望，便无法想象事情会在未来某个时刻再次发生改变。因此，我们就会觉得自己永远无法摆脱当下的困境，再也过不上幸福的生活。在个人危机中，我们会高估痛苦持续的时间，这种效应在心理学中被称为"情感预测"（affective forecasting）。因此，我们会对未来产生悲观的想法，仿佛眼前只有一个深不见底的黑洞。而内心的不确定性，又进一步加剧了这种悲观情绪。

顺便一提，这种作用反过来同样成立。当我们怀有强烈的积极情感时，往往也难以想象它们会发生什么改变。这听起来似乎很美好，不是吗？不，并非在任何情况下都如此。例如，当我们参与一场赌博时，会为赢钱而高兴，但这种快乐并不像我们想象的那样持久。这种快乐的感觉，在其他事情上同样也会迅速消失。就像在大肆采购之后，那种美好的感觉会比我们的预期消失得更快。然后，我们不得不再买一辆新车、一个新包或其他东西，并期待拥有这些东西能让我们开心很久。买了这个新东西之后，我们才意识到，这根本无法真正满足内心的需求。就这样，我们从一个错误走向另一个错误，不断购买新东西让自己得到满足，由此陷入这样的循环之中。

现在让我们把目光重新聚焦到 T 太太身上。她同样无法想象自己会好起来，她一直在等待事情好转，但始终未能如愿。事实上，无法忍受这种不确定性正是她面临的最大问题，她迫切希望现在就能好起来。由于她现在感受不到任何积极的情绪，因此也无法想象未来会有什么改变，内心充满了不自信。现在，有什么办法能够帮助 T 太太呢？在这种情况下，真的有方法能让事情好起来吗？我们将在下一节讨论这个问题。

也许我们可以在增强自信心方面提供帮助

在此，我想再次引用维克多·弗兰克尔描述集中营生活的一段话："那些对自己的未来失去信心的人，在集中营中迷失了方向。随着对未来的希望一并丧失的还有他们的精神支柱。这根支柱在内部崩塌了，身体和精神都随之逐渐衰败。"他还写道，他可以清楚地看到谁失去了信心，谁没有失去信心。失去信心的囚犯变得越来越糟糕，到了某个阶段，他们甚至清晨也无法起身。

当弗兰克尔在集中营中遭受极大痛苦、衰弱不堪时，他也会积极地帮助自己树立信心。他想象着自己将来如何给学生们讲授"集中营心理学。"作为一名医生，他认为有朝一日在演讲台上就这样

第11章 找到自信

一个主题发表演讲是有可能实现的。他在脑海中想象了届时的情景，比如灯光明亮、漂亮、温暖、宽敞的演讲厅，以及听众坐在舒适的软垫椅上听他的演讲的情景。这种生动的想象让他重获力量。正如我们如今知道的那样，他的设想变成了现实，后来他做了许多关于集中营生活的演讲。

没有人能阻止你带着自己的思想进入另一个世界。很显然，如果你自暴自弃，相信一切都不会变好，那么一切就真的不会变好。因为不做任何事情，你就会一直被动地与命运抗衡，这就是前面提到过的自我实现的预言。正如亚里士多德所说，我们期待什么，就会发现什么。

一项科学实验同样揭示了，有意识地对自己的期望充满信心至关重要。该实验的被试为124名即将接受心脏手术的患者。在手术前一周，他们被分成了不同的小组，与心理学家进行了交谈。在第一组中，心理学家鼓励患者倾诉他们对即将到来的手术的恐惧，心理学家以同情和理解的态度倾听他们的倾诉。

另一组被称为"信心组。"心理学家引导他们从现实的角度考虑即将进行的手术的好处，以及术后的康复过程。同时，他们被要求针对术后生活中的活动，提出自己的具体想法。有些人设想又可以修剪草坪，有些人设想可以劈柴烧烤、与朋友聚会，还有些人谈到要重新参与体育运动。此外，这些患者还谈到了手术可能产生的副作用，以及如何应对这些副作用。

与第一组患者相比，第二组患者在术后六个月的情况要好得多。他们更有活力，身体表现更好，对健康的焦虑更少，甚至化验数值也更好。这深刻地说明了，增强信心、构建积极的想象以及对克服困境过程中可能遭遇的困难进行分析，对患者有显著的积极效果。

正如这项研究呈现的那样，自信不仅会影响心灵，也会直接影响身体。另一项关于药物效果的实验也证实了这一点。在这项实验中，患者被分为两组，接受同样的药物治疗。其中一组的医生被要求对药物效果持怀疑态度，而另一组的医生则在不做过多承诺的前提下对患者充满信心。你猜对了，第二组的治疗效果更好。

T太太后来怎么样了？我提醒她试着去想象，在不久的将来可以做些什么来改变她的处境。她需要在头脑中构建积极且现实的画面，想象得越具体越好。于是，T太太想象自己和其他人一起做志愿者，她的脑海中有了一个非常具体的愿景。她第一次感受到了悲伤以外的东西，她体验到了一丝喜悦。有了这样的感受，她就能够想象，今后自己还经常会有这样的感觉。

什么会给你信心

你的脑海中需要有画面感，最好是生动的画面，但也要符合现

第 11 章 找到自信

实情况。不能不切实际地一味幻想美好,戴着"玫瑰色的眼镜"看待一切。否则,自信很快就会变成遥不可及的梦想。当你从梦中醒来时,会面临更大的痛苦。这就是为什么树立自信首先需要彻底地接纳,这又回到了十大能力的起点。直面现实,了解事情的现状,只有这样你才能不再沉溺于过去,才能走向未来。

你再次面临抉择:你想要思考什么?你想要做什么?特别是在面临危机时,自信能够让你远离绝望。在与疾病相关的危机中,对未来抱有消极的期望并因此选择放弃,是极其危险的。特别是在身患绝症的情况下,并非一切都能如人所愿。

这时,彻底接纳现实,坦然面对死亡这一沉重的话题,也是一种必要的态度。

大多数人在遇到危机时都会问:生命的意义是什么?这是一个宏大且复杂的话题,许多哲学家都曾对这个问题给出了回答。也许你是一个虚无主义者,认为生命毫无意义,因为无论如何我们都会死。但以不同的方式追问生命的意义,也是有价值的。将这个问题细化、具体化、个性化,试试问自己,在我的生活中,什么才是有意义的?有什么意义?是什么赋予了我生命的意义?

只要我们还在这世上生活,就应该有某些东西给予我们生命的意义。正如尼采所说:"一个人知道自己为什么而活,就可以忍受任何一种生活。"赋予生命意义的东西可能天差地别，有人认为自己的工作有意义，有人则将自己的足球俱乐部视为生活的重心，有人为自己的家庭而活，有人则因旅行而感受到生命的精彩。我们必须明白，生活的意义在于每个人都能够依据自身情况，赋予生活专属的意义。这种赋予的权利，是其他人无法代替我们行使的。

如何才能变得自信

我想再次提及回顾过去这个练习。你有尝试过吗？如果没有，不妨现在试一试。如果你做了这个练习，可能已经写下了生活中曾面对的一些危机，毕竟我们每个人的生活都不可能一帆风顺，总会经历起起落落。请你稍微改变角度来回顾一下这些危机，回想一下当你处于危机之中时是什么感觉？你是否曾一度缺乏自信，认为自己再也不会过上幸福的生活？是什么让你重新燃起对未来的希望？你现在的情况如何？当你努力回忆过往的经历时，你能感受到当时曾有过的一丝自信吗？

> **练习：WABI——自信心练习**
>
> 倘若你正身处危机之中，至少要试着让自己去设想一个正常且积极的未来。你甚至可以在脑海中勾勒一幅画面，不过要确保画面符合实际情况。要是你还没有接受自己的生活

第 11 章 找到自信

将与过去有所不同这一事实，那么现在做这个练习还为时尚早。在这种情况下，请再次从头开始阅读。从"彻底接纳"这部分内容开始阅读。而如果你已准备好了展望未来，那么请思考以下几点。

- 什么以及如何。仔细地想一想，当几个月后危机结束时，你会有怎样的感受？那时你会做些什么呢？有哪些人会陪伴在你身边呢？
- 细致描绘。你能想象出自己在那个具体情景中的模样吗？尽可能多地调动感官去感受，试着在脑海中勾勒出一幅画面。
- 察觉障碍。在这个过程中，你可能会遇到哪些障碍？你将如何应对？
- 想象。你具体要做什么？如果可能的话，设想一个非常具体的场景。

也许，危机中也隐藏着某些积极的因素。那种停滞、生活不得不中断的状态，其实也并非毫无益处。它完全有可能成为我们重新思考、重新给生活定位的契机。在日常生活中，人们常常忙忙碌碌，尽力履行自己的职责，根本没有时间反思。当然，能不能利用这种状态来反思，也取决于危机的性质。

当你掌握这 10 项能力时，就如同拥有了一个导航仪，可以在危机中确定方向，从而找到通往未来的出路。至于接下来会发生什么，取决于你自己的选择。现在，你有机会亲手创造走出危机的转折点。我们来回想一下"危机"一词的含义，危机意味着"决定。"所以，做出决定，选择一条属于自己的道路吧。

我们看问题的方式常常会让自己不快乐。我们更容易看到生活中的危险，对事情的发展失去信心。由此一来，我们自己的感知也会发生变化，而且这种变化会越来越强烈。我们看到的负面事物越来越多，恶性循环便由此开始了。但你可以打破这个循环，主动改变自己看问题的视角。你是想继续困在原地，还是想向前迈进呢？请你务必自己做出抉择。这十大能力将对你有所助益，掌握并运用这十大能力，你就站在了危机的转折点上。

第三部分
重　置

第 12 章

清理甲板

不被情绪内耗的 10 种能力

把累赘扔下船去

现在，我们已经进入危机的第三阶段。在第二阶段，我们了解了能够用来稳定情绪、强化自身的 10 种能力，希望你能从中获得一些启发，帮助你更好地应对危机，重新找回稳定的生活。我们在战胜危机的道路上又迈进了一步，就如同在茫茫大海之中，海岸线出现在了眼前。如果你觉得海岸线还很遥远，而且不知道该如何到达那里，那么不妨考虑寻求专业的支持。

当下，我们面临的问题是，下一步该怎么做？你想去往何方？在这一节中，我们聚焦于你想舍弃的事物以及你不想再做的事情，然后，我们将讨论你可以做的事情。在本书的开头，我们探讨了你在个人危机中是如何跌出暖巢的，在此我想再次深入探讨这个问题。你究竟经历了怎样的个人危机，又是从什么样的暖巢里跌了出来？

第 12 章　清理甲板

也许在危机发生之前,你已经建立了一个舒适的巢穴,在那里你能感受到家的温暖,现在你想回到那里。在大多数情况下,只要你克服了危机,是有可能重回暖巢的。例如,你从重病中慢慢康复、你在意外被解雇后鼓起勇气重新开始找工作,或者在发生交通事故后,你和你的爱车都慢慢恢复如初。在这些情形下,曾经的巢穴对你来说可能变得更加珍贵。当你重新回到自己的暖巢,自信也会随之再次回归。

然而,这场危机也可能让你意识到,巢穴的这里或那里有几根扎人的树枝,有些地方被压扁了,让人觉得不舒服,需要做一些调整。或者,你遇到了严重的个人危机,这可能导致你不得不对旧巢进行全新的改造。例如,你的伴侣去世或离开了你,那么你的小窝可能显得过于空旷、杂乱,那么就不得不进行全新的整改。

然而,你也可能完全无法重回原来的巢穴,因为它已经倒塌,已经被危机彻底摧毁了。倘若前面的章节没有给你足够的稳定感来继续前进,那么寻求专业支持仍是一个可行的选择。又或者,你在危机中意识到,你并不想重新回到原来的巢穴,因为你在那里从未真正感到完全舒适,那么现在正是换巢的好时机。下面,我们将探讨如何改造旧巢或建造新巢。

实际上,危机可以成为"重置"生活的契机。让我们来回顾一下"危机"一词,它来自希腊语,其原意包含"分离"和"决定。"

当我们做出决定时，总要舍弃一些东西。这也是我们重建或新建生活的第一步：你必须先清理一些东西，为新的事物腾出空间。哪些树枝需要修剪，哪些已经折断，哪些苔藓过于陈旧，哪些无用的东西占据了你的巢穴？要先思考一下，你最想清理掉的是什么。

但需要注意的是，我见过许多处于危机中的人，他们急于做出改变，甚至彻底颠覆了原来的生活。例如，遇难者家属 O 女士在发生空难后几天告诉我，她想和丈夫分开。经历了这场灾难，她现在知道了生命的可贵，也意识到了自己和丈夫的生活是多么肤浅。她宁愿一个人生活，也不愿继续过那样肤浅的日子。这种情况，与其草率地分手（这往往是盲目而冲动的行为），不如先静下来深呼吸，慢慢整理头绪。如果在与危机稍稍拉开距离后仍然有同样的想法，那么可以先和对方一起讨论，今后可以做出什么改变。

毕竟，当你着手改变外部环境时，你自身也在一起改变。有时，改变外部环境会对你有所帮助，但大多数时候，你必须先改变自己的内在，调整自己的态度和行为，这样才能获得长久的满足。幸运的是，O 女士做到了这一点。她庆幸自己停止了冲动的行为，她的丈夫也赞成她的想法，于是他们一起思考如何付诸实际行动。所以，不要操之过急，不要轻易地将过去的一切都抛到九霄云外。变革，尤其是危机之后的变革，应该慎之又慎。

我们在这里讨论的，并非那些重大的改变，而是一些微小的改

第 12 章　清理甲板

变，这是改变你思维模式或行为方式的第一步。如果你已经读到这里，或者已经逐一读过了每个章节的内容，你可能已经意识到，在危机期间做出的改变，危机过后也会延续下去。因此，你有必要先回顾一下了解到的内容。如果你已经做了书中的练习，请再读一读自己记录的内容。在下一节中，我们将探讨你未来想做的事情，在此之前，我们首先要为这些事情留出空间。现在请思考一下，你想摆脱哪些不必要的负担，摒弃哪些想法和行为方式，又有哪些事情是你不想再做的呢？

例如，我想在社交媒体上少花时间，我想停止反刍，我不想再怀疑自己的能力，我不想再无所事事地过日子，我不想再忽视朋友，我不想再和别人比较等。

舍弃清单

我们都知道待办事项清单，上面通常记录着必须完成的日常任务。在这里，我们要列一个舍弃清单。现在，请仔细思考，你想把什么扔到海里去，这些就是舍弃清单上的内容！

♥ 今后我想不再做或少做什么

☐ _____
☐ _____
☐ _____

♥ 为什么不做这个是有意义的

☐ _____
☐ _____
☐ _____

全速前进

设定新的目标

在上一节中，你对自己的小窝进行了一番整理，你把一些不再适合你的东西扔了出去。现在，小窝有了空间放置新的东西。你可

第12章 清理甲板

以添加新的树枝，让它更漂亮一些，或者增加它的稳定性，还可以重新填充一下，让它更加舒适惬意。当然，你或许打算建造一个全新的小窝。若是如此，你需要考虑从旧巢中拿走什么，以及如何建造新的巢穴，彼时要用到什么样的树枝、什么样的苔藓，以及用哪些材料来填充？

在上一节中，你思考了自己不再想做的事情，那么现在是时候思考你真正想做的事情了。对你来说重要的事情，是未来生活的核心。什么能让你真正快乐，什么能让你感到满足？我们常常会忽略这一点。有时，我们过着与别人类似的生活，不假思索，只是随波逐流。在生活中保持忙碌并不难，关键在于，自己所忙碌的事情是否真的是重要的事情，还是只是期望得到别人的认可？自己是否过着属于自己的生活？是否过于关注那些根本不重要的事情？我们不停地奔跑，却没有为自己制定具体的目标，我们陷入了行动陷阱。

因此，停下来花点时间思考这个问题是有意义的。我目前所忙碌的事情，对我是否真的很重要？这就是下一个练习的目的。我把它称为"直击要害。"换句话说，就是要抓住问题的关键，不要事倍功半。生活中有很多方面，它们的重要程度各不相同，比如家庭、金钱、工作、事业、休闲、社交媒体、快乐、友情、假期、资产、购物、他人的认可、对自己外表的专注，等等。哪些方面对你来说很重要，会在未来占有一席之地？而你又希望用其中的什么来建造和填充新的巢穴呢？

练习：直击要害

在这张练习表中，我们探讨的是人类生活中重要的方方面面。在表格的最后一行，你可以写下一个你认为缺失的方面。第一步，请想一想每个方面对你来说有多重要，然后根据该方面的重要性，在第二列写下 0~10 之间的数字。0 表示完全不重要，10 表示非常重要。填写完成后，请稍作停留，回想一下你在每个方面分别花了多少时间。然后，你可以遮住第二列，避免受到之前填写内容的干扰。接下来，在第三列填上 0~10 之间的数字，0 表示没有时间，10 表示几乎所有时间。

某个方面	该方面对我的重要性（0~10）	我在该方面花的时间（0~10）
工作		
事业		
休闲		
家庭		
友情		
金钱		
社交媒体		
娱乐活动		
假期		

续前表

某个方面	该方面对我的重要性（0~10）	我在该方面花的时间（0~10）
资产		
购物		
获得他人的认可		
外表		
运动		

现在，我们来评估一下，在你认为重要的事情和你实际投入时间的事情之间，有多少是重合的呢？你是否真的在忙于处理那些重要的事情？你在那些方面投入了多少时间？自然而然地，你会留意到重要性和时间投入之间是否匹配，或者是否有必要进行调整。

如果你认为需要调整，我建议你做另一个练习。这个练习的关键在于，它并非让你沉浸于不切实际的幻想中，恰恰相反，它让我们尽可能地接近现实，为自己制订出切实可行的计划。在关于自信的那部分内容里，你已经熟悉了建立具体愿景的原则。这次练习的目的也是希望你能满怀信心地展望未来，但练习的重点有所不同。自信心练习的任务是想象一个具体的情境，目的是创造一种情绪，让你重新振作起来。而此处的目的，则是要最终制定出具体、现实的目标。

练习："摇椅上的愿景"——由终到始的思考

先花些时间让自己放松下来吧。不妨为自己准备一杯喜欢的饮料，同时准备好一支笔和一张纸，以便在完成练习后记录下自己的所思所想。在一张舒适的扶手椅上坐下来，或者在一张可以轻松倚靠的摇椅上坐下来。然后，先通读下面的要点，记住它们，接着开始练习，闭上眼睛，这样或许能让你更好地投入其中。

想象五年、十年甚至更多年之后的自己。根据你的年龄，选择一个具体的年份。设想当下正困扰你的突发危机，已经成为过去，那可能是几个月前、几年前，甚至是几十年前的事了。把自己带入到未来的那个时刻，想象你坐在舒适的摇椅上，回顾自己的一生，并且正好回顾到今天为止的这一天。想象从今天到未来的那个时刻，你对自己的生活是基本满意的。然后问自己以下问题：

- 你如何评价自己的生活？
- 你的家庭关系如何？
- 你与朋友的关系如何？
- 你希望家人和朋友如何评价你？
- 对于当时的工作、事业和业余生活，你想说些什么？
- 对于当时的个人危机，你想说些什么？

- 个人危机对你生活的影响持续到了什么时候?
- 你是如何度过那次危机的?
- 你有什么爱好?
- 你在哪些事情上花费了时间?
- 你与哪些人共度时光?
- 让你专注做的事情是什么?
- 什么事情让你成为一个知道满足的人?
- 关于自己当下的生活,你想说些什么?

回答完上述问题后,喝一口饮料,并将想到的答案写在事先准备好的纸上。

展望未来

现在,根据前两次练习的结果,想一想你能够做些什么,或者想要做些什么。首先,从你的清单中选择一个项目,然后想一想你要如何实施?为了获得更大的满足感,你要做出哪些具体的改变?大多数人会制订很多计划,但付诸实践的却很少。多项研究显示,甚至连三分之一的计划都难以实现。这是为什么呢?是因为我们天性懒惰,还是因为日常生活的种种束缚让我们难以行动呢?其实都不是,更多的是因为我们制定的目标不够合理,没有充分考虑到实际存在的问题。

有一个例子可以说明这一点。很多人在制定目标时常常这样表述:"我希望我的女朋友回到我身边",或者"我希望将来能更幸福。"然而,这些只是愿望,而不是可以为之奋斗的目标。目标制定得不恰当可能导致失败,制定正确的目标可以解决一半的问题。愿望是期待想要的东西轻而易举地降临,目标则是你自己有能力并且渴望去实现的事情,与具体行动密切相关。制定目标时,你要问自己,对你来说这个目标是否有可能实现,你能为这个目标做出哪些具体的努力,等等。以下是一些关于制定目标时的注意事项,如果你能够遵循这些建议,就能够让愿望变成目标。在此之前,我想先简单讨论一下那些设定过高的目标。

好高骛远——过高的目标

有时候,我们设定的目标看起来高不可攀。当我们确定这些目标时,精力仿佛已被提前耗尽,甚至在还没开始努力去实现它们的时候,就已经选择了放弃。实现远大目标的诀窍是,把这些目标拆解成一个个小的子目标。比如,如果你给自己定下了参加马拉松比赛的目标,那么你不要试图第一次参赛就跑完全程的 42.195 千米。你应该先想想自己目前能做到什么程度,下一个目标是多长距离,然后逐步推进。

这就像米切尔·恩德(Micheal Ende)笔下的童话作品《毛毛》(Momo)中的清洁工贝波一样。贝波时常要清扫一条长长的街道,于是他想出了一个完成任务的方法。他说："你可不能一下子就想着把整条街道清扫完，知道吗？你只需要想着下一步、下一次呼吸、下一次挥动扫把……当你这样做的时候，清扫这件事也会变得有趣起来。"因此，在开始制定目标之前，请确保你的脑海中有一些切实可行的子目标。

制定目标——驯服你内心的懒惰鬼

现在，我想向大家介绍一些对制定目标有帮助的标准。在管理领域，人们经常使用的一种方法是 SMART 法，它是由相关标准的首字母缩写而成的。不过，我还要加上 E、I、S 和 P 四个字母，然后整合在一起，就得到了缩写"PISTERAMS"，下面是每个字母代表的含义。

积极（positiv）。制定目标时，应当秉持积极的态度。我们常常表示自己不想要什么，或者希望在某件事情上少付出一些精力。正如我们在上一节中所看到的，这是重置阶段的第一步。与此同时，我们还需要思考的是自己想做的是什么。当你说"我想减少工作"时，那么你应该进一步思考，要用什么来填充你的空闲时间，明确要做的事情。这就好比你坐在车里，准备驾车出发，但不想去万讷艾克尔[①]，那么你必须清楚自己想去哪里。不然，你就会漫无目的地

---

① 城市名，德国西部鲁尔区城市。——译者注

四处行驶，最终可能还是到了万讷艾克尔。

表达自我（ich-aussagen）。在研讨班中，当参与者或患者制定目标时，我经常听到他们说希望别人不要再做某些事情。然而，这只是一个美好的愿望罢了，毕竟别人不会因为这句话而改变。更重要的是，我们要自己积极行动起来。"我能做些什么"这是我们应该问自己的问题。如果你希望他人改变，可以这样问自己："我能做些什么来让他人改变吗？"这就如同雄性黑鸟向雌性黑鸟求爱一样，如果只是寄希望于雌性黑鸟主动出现，那是不会成功的。要想求爱成功，需要雄性黑鸟全力以赴地放声歌唱，掌握主动权。所以，重要的不是要让别人改变，让别人感动，而是你自己必须做些什么——这也是为了让别人走向你。

具体（spezifisch）。准确而具体地制定目标。很多时候，人们制定的目标过于笼统，例如我想多做运动。请具体地思考一下，究竟什么是多做运动。你是想多踢足球，多去健身房，还是多做其他种类的运动？

有规划（terminiert）。这需要考虑的问题包括：我想在什么时候实现我的目标？在实现过程中，是否有中间步骤？我想什么时间推进这些步骤？这个目标将一直存在于我的生活中，还是仅能在特定时段实现？如果是后者，什么时候去做最合适？

第 12 章 清理甲板

影响范围（einflussbereich）。你的目标应该处于自己能够影响和掌控的范围之内。生活中存在很多我们无法控制的事情，对于这些，我们唯一的选择就是完全接纳。我们要时刻思考：哪些事情是在我影响范围之内的呢？如有必要，不妨回顾一下第 2 章中所介绍的"彻底接纳。"

切合实际（realistisch）。目标应该切合实际。如果你在四月份给自己设定的目标是在夏天之前说一口流利的西班牙语，但现在你却连一个单词都不会说，那么你很可能无法实现这个目标。目标遥不可及，失望在所难免。

有吸引力（attraktiv）。目标应该有吸引力，应该能唤起积极的情感。如果你决心多做运动，但你根本不喜欢运动，那么你就应该考虑一下，怎么能让这个目标对你有吸引力。你甚至可能得出结论：这个目标并不适合你。

可衡量（messbar）。你的目标必须是可衡量的。也就是说，你要明确如何判断自己已经实现了目标，或者如何确认已经完成了目标的中间步骤。

考虑到困难（schwierigkeiten im blick haben）。如果你现在已经有了一个具体的目标，那么事先考虑一下你可能会遇到哪些困难，以及你能对此做些什么，也会对你有所帮助。如何面对内心的

"懒惰鬼"？当它试图劝你放弃目标时，你该对它说些什么？

也许在制定目标的过程结束时，你会发现自己根本没有一个具体的目标，它更像是一个目前根本无法实现的愿望。但愿望也是美好的，把它留在心里吧。如果我们没有了愿望，生活会变成什么样呢？如果我们所有的愿望都实现了，我们不再有任何愿望，那才是真正的悲剧。

回溯来路，不避过往

总有一天，你的个人危机将成为过往。当面对这段过往时，你能做些什么呢？关于这个问题，我不到16岁的儿子给我看了一段《狮子王》动画片的视频片段。他说，聪明的老猴子拉菲克的最后一句话，非常适合回答这个问题。他说得没错！视频中，辛巴告诉拉菲克，他在想自己是否应该回去，但他又害怕回去后不得不面对自己的过去。他已经为此逃避很久了，他深信，如果回到过去、面对曾经的种种，会让他痛苦不已。然而，拉菲克回答说，过去有时确实会让人痛苦，而面对过去只有两种选择：要么逃避，要么从中吸取教训。

第 12 章 清理甲板

练习:"以防万一"——应急锦囊

写下你从这本书中获得的启发,以及今后的打算。

你不妨给自己写一封信。

接着,去购买或自制一个小盒子,在盒子上面写上"以防万一",然后把你从本书中学到的所有东西都放进去。

这个小盒子就是你的应急锦囊,当你面临需要修复甚至重建自己巢穴的危机时,它就能派上用场。一切只是以防万一,万一危机来临,对策就在这个锦囊里。

致谢

写书并不像你想象中的那么孤独。在这个过程中,我和许多很棒的人保持着交流,他们都给予了我极大的支持,让我在写作过程中体会到了无数的快乐时光。为此,我要向他们表示感谢。

我首先要感谢坎普斯出版社的两位编辑。这一切都源于丹妮娅·黑提恩斯(Danja Hetjens)女士,如果没有她,这本书永远不会问世。当初,她了解了我关于这本书的想法后,就怀着极具感染力的激情,全身心投入其中,为这本书的诞生而四处奔走,并以极大的热情促使这个项目不断前进。安东尼娅·舒尔茨(Antonia Schulz)女士,她以极为赞赏的态度阅读了书稿,并提出了宝贵的意见。她和丹妮娅·黑提恩斯女士一样,随时与我保持沟通交流。她提出的建议,让许多地方的文字更易于读者理解,消除了歧义,使文章条理更加清晰。能与她们两位合作完成这本书是一件非常有趣的事情。在此,我向她们致以衷心的感谢。

我还要感谢出版社所有参与本书出版的人员。感谢他们设计了精美的封面,感谢他们用心制作的版式,感谢他们积极与书店沟通，感谢他们为这部作品的出版所做的其他细微而又重要的事情。

如果没有我的患者们，这本书根本写不出来。感谢你们一次次给予我信任，是你们让我的职业充满乐趣。

我同样要感谢我研讨班的参与者。每次看到大家积极贡献的想法和饱含热情的讨论，我都感到由衷地高兴，这也让我个人收获颇丰。为此，我非常感谢你们以及我的委托人们。

我要特别感谢那些允许我在本书中讲述他们故事的人。正如我所承诺的，为了确保隐私，我对所有案例都做了相应的修改。

我还要感谢汉莎航空集团的各位，是他们对我充满信任，让我能够在许多年里担任如此有意义的职务，积累了如此多的宝贵经验。那是一段美好的时光，尤其能和这么多出色的同事一起合作，对我个人产生了深远的影响。

我最好的同学安德烈亚斯·K.施密特博士（Dr. Andreas K. Schmidt），不辞辛劳、极其仔细地阅读了我的文稿。他提出的建设性意见给了我很大帮助，让很多地方的文字变得更加清晰明了。除此之外，我还要感谢我们多年来的友谊，这份感谢同样送给他的妻子萨宾。

我的小学老师曾在中学推荐信中这样评价我的父母："这对父母给孩子提供了一切可能的支持。"这句话从过去一直延续到

致谢

现在，甚至延伸到了他们的孙辈身上。我由衷地感谢我的父母因格里德·弗兰森（Ingrid Franzen）和乌勒·弗兰森博士（Dr. Ule Franzen）。我的父亲同时也是我的同事，在这本书的创作过程中，他在内容方面给予了我极大的支持。他不厌其烦地阅读每一个版本的手稿，提出了很多想法，这些都为这本书的顺利完成起到了关键的推动作用。

我还要感谢我的姐姐妮勒·弗兰森博士（Dr. Nele Franzen），在百忙之中抽出时间阅读了我的部分手稿。她不仅是我的姐姐，同时也是我的同事，我一直很喜欢与她交流专业内外的各种想法。她对手稿的反馈意见对我非常有帮助，我也为此向她表示感谢。我还要感谢我的弟弟莱斯·弗兰森（Lais Franzen），他的支持也给了我很多力量。

我要特别感谢我的丈夫史蒂凡·荣汉斯（Stefan Junghans）和儿子列维·弗兰森（Levi Franzen）。我的丈夫史蒂凡不仅支持我创作这本书，还为本书提出了许多建议。为了支持我，给我创造良好的写作环境，他把自己的事情放在次要位置。他以令人钦佩的耐心，一遍又一遍地阅读最新书稿，给我提供了重要的、极具激励作用的反馈和建议，为本书的成功出版做出了重要贡献。我的儿子列维也一直非常关心这本书的进展，和他谈论本书的内容非常有趣。我为他能提出那么多有益的想法感到无比自豪。没有他们俩的陪伴与支持，我不可能完成这本书。为此，我想说声谢谢。我们是一个了不起的团队！

最后，最重要的是我的读者朋友们。没有读者，即便再优秀的书籍也只是一堆无人问津的文字。因此，我要感谢你，亲爱的读者，感谢你阅读本书。如果这本书能让你更轻松、更顺利地渡过个人危机，我会感到无比欣慰。要是你还能从中获得一些快乐时刻，也许这些时刻能串联成一段快乐时光，我会由衷地感到开心。

西尔克·弗兰森博士

Happy Hour:Wie wir gesund und gestärkt persönliche Krisen durchstehen by Silke Franzen

© 2021 Campus Verlag GmbH,Frankfurt am Main

Simplified Chinese edition copyright © 2025 by China Renmin University Press Co., Ltd.

Chinese（Complicated character only）translation rights arranged with Campus Verlag GmbH through Andrew Nurnberg Associates Limited.

本书中文简体字版由 Campus Verlag GmbH 通过安德鲁授权中国人民大学出版社在中华人民共和国境内（不包含香港特别行政区、澳门特别行政区和台湾地区）出版发行。未经出版者书面许可，不得以任何方式抄袭、复制或节录本书中的任何部分。

版权所有，侵权必究。

北京阅想时代文化发展有限责任公司为中国人民大学出版社有限公司下属的商业新知事业部,致力于经管类优秀出版物(外版书为主)的策划及出版,主要涉及经济管理、金融、投资理财、心理学、成功励志、生活等出版领域,下设"阅想·商业""阅想·财富""阅想·新知""阅想·心理""阅想·生活"以及"阅想·人文"等多条产品线,致力于为国内商业人士提供涵盖先进、前沿的管理理念和思想的专业类图书和趋势类图书,同时也为满足商业人士的内心诉求,打造一系列提倡心理和生活健康的心理学图书和生活管理类图书。

《与情绪和解:治愈心理创伤的AEDP疗法》

- 这是一本可以改变人们生活的书,书中探讨了我们可以怎样治疗心理问题,怎样从防御式生活状态变为自我导向、目的明确且自然本真的生活状态。
- 学会顺应情绪,释放情绪,与情绪和谐相处,让内心重归宁静,让你在受伤的地方变得更强大。

《情绪自救:化解焦虑、抑郁、失眠的七天自我疗愈法》

- 心灵重塑疗法创始人李宏夫倾心之作。
- 本书提供的七天自我疗愈法是作者经过多年实践验证、行之有效、可操作性强的方法。让阳光照进情绪的隐秘角落,让内心重拾宁静,让生活回到正轨。